国家林业和草原局普通高等教育“十三五”规划教材
高等院校园林与风景园林专业系列实践教材

# 园林花卉学实习实验教程

## （第2版）

刘　燕　何恒斌　李秉玲　编著

中国林业出版社

**图书在版编目（CIP）数据**

园林花卉学实习实验教程/刘燕，何恒斌，李秉玲编著. —2 版. —北京：中国林业出版社，2021.10（2025.7 重印）

国家林业和草原局普通高等教育“十三五”规划教材　高等院校园林与风景园林专业系列实践教材

ISBN 978-7-5219-1363-7

Ⅰ. ①园…　Ⅱ. ①刘…　②何…　③李…　Ⅲ. ①花卉—观赏园艺—实习—高等学校—教材　Ⅳ. ①S68-45

中国版本图书馆 CIP 数据核字（2021）第 195733 号

**策划、责任编辑**：康红梅　　**责任校对**：苏　梅

**电话**：83143551　　**传真**：83143516

---

**出版发行**　中国林业出版社（100009　北京市西城区刘海胡同 7 号）
E-mail：jiaocaipublic@163.com　电话：（010）83143551
https://www.cfph.net

**印　刷**　北京中科印刷有限公司

**版　次**　2013 年 12 月第 1 版（共印 2 次）
2021 年 10 月第 2 版

**印　次**　2025 年 7 月第 2 次印刷

**开　本**　787mm×1092mm　1/16

**印　张**　8　　插　页　3.5 印张

**字　数**　266 千字

**定　价**　56.00 元

---

# 第 2 版前言

“园林花卉学”是园林、风景园林、观赏园艺等专业的核心专业课程。《园林花卉学实习实验教程》是国家级精品课程“园林花卉学”的系列教材之一，与已出版的2021首届全国优秀教材奖，国家级精品教材《园林花卉学》（刘燕主编，中国林业出版社）同为该课程的配套教材，主要用于该课程的实践教学。

为了满足新的人才培养模式中创新人才培养目标需求，本教材编写的指导思想是学生专业基本技能训练和综合素质培养并重，不仅提高学生动手能力，同时强调对学生思维能力和综合素质的培养，从而使实践教学真正成为学生创新能力培养的重要途径。

该指导思想通过实践内容的整体设计得以实现，包括操作、认知和调查三类不同训练内容。不同以往指导学生操作过程为主的教材，本教材在每个实践内容前面对实践内容先做整体介绍，让学生对将要展开的实践内容形成自己的见解，引发学生实践后的深入思考，训练学生创新思维能力。

本次修订根据新修订的《园林花卉学》（第 4 版），重新调整了认识类实践中花卉识别种类，并对全书文字进行了梳理。

创新人才的培养是一个需要不断探索的课题，本教材也是一种探索。由于编者水平有限，不妥和错误之处恳请指正。

编　者

2021 年 7 月

# 第 1 版前言

“园林花卉学”是园林、风景园林、观赏园艺等专业的核心专业课程。《园林花卉学实习实验教程》是国家级精品课程“园林花卉学”的系列教材之一，与已出版的国家级精品教材《园林花卉学》（刘燕主编，第 2 版）同为该课程的配套教材，主要用于该课程的实践教学。

为了满足新的人才培养模式中创新人才培养目标需求，本教材编写的指导思想是学生专业基本技能训练和综合素质培养并重，不仅提高学生动手能力，同时强调对学生思维能力和综合素质的培养，从而使实践教学真正成为学生创新能力培养的重要途径。

该指导思想通过实践内容的整体设计得以实现，包括操作、认知和调查三类不同训练内容。不同以往指导学生操作过程为主的教材，本教材在每个实践内容前面对实践内容先做整体介绍，让学生对将要展开的实践内容形成自己的见解，引发学生实践后的深入思考，训练学生创新思维能力。

（1）操作类实践有抢阳阳畦制作与使用管理、花卉露地播种、花卉盆播和容器育苗、花卉移苗与定植、花卉分株与扦插、球根花卉种植采收及储藏、水仙雕刻、水生花卉种植等内容。旨在培养学生在园林花卉繁殖栽培方面的基本专业技能，提高动手能力。

（2）认知类实践有春季露地花卉识别、夏季露地花卉识别、秋季露地花卉识别、室内花卉识别和专类花卉识别、花卉种子的采收与识别、花卉种苗生长发育观察、球根花卉的分类及演替等内容。旨在培养学生从实际活动中学习、观察、提炼专业知识的能力，培养花卉识别、审美和应用方面的能力。

（3）调查类实践有园林花卉应用形式调查、菊花品种分类等内容。旨在训练学生了解行业相关内容的方法；提升对园林花卉科学与艺术结合的理解能力，丰富学生想象力，启发学生的创造力；结合组织调查汇报和讨论，引导学生关注专业活动和问题，思考所学知识解决实际问题的途径，培养学生综合专业素质。

创新人才的培养是一个需要不断探索的课题，本教材也是一种探索。由于编者水平有限，不妥和错误之处恳请指正。

编　者

2013 年 10 月

# 目　录

# 实习1 园林花卉应用形式调查

## 一、概述

园林花卉在人居环境的景观中占有重要的地位。在园林绿化中，乔、灌木是绿化的骨架，而丰富多彩的草本园林花卉在各类绿地中作下层植被、裸露地面的覆盖、重点地段的美化、小型空间的点缀等起着重要的作用。园林花卉以丰富的种类和灵活多样的种植应用形式，在园林绿化景观中起到了画龙点睛的效果。

学习园林花卉的最终目的是在园林建设中合理地应用花卉，保证其形成良好的景观并充分发挥其生态效应。园林花卉种类丰富，不同花卉形成的景观不同，适用的表现形式也不同。因此，了解园林花卉应用形式及其景观效果，对培育、选用更丰富的花卉种类，设计出景观效果好、形式新颖、更好体现花卉特点的花卉应用形式具有重要意义。

### (一)园林植物种类

园林植物可以分为三大类：园林树木、园林花卉和园林草坪植物。

(1)园林树木指适用于园林和人居环境绿化、美化的木本植物，包括各种乔木、灌木和藤木等。

(2)园林花卉是指适用于园林和人居环境绿化、美化的草本观赏植物。

(3)园林草坪植物是指主要由禾本科和莎草科等植物构成，在园林中通过人工铺植草皮、播种草籽，采用修剪等手段建植成的低矮人工草地所用的植物。

### (二)园林树木、花卉和草坪的景观功能

园林树木是园林绿化的基本骨架。可以构成开敞、半开敞、封闭等各种园林空间。林带、树墙等可控制视线；增添季节特色，充分展示季相变化；体现园林的年代，承载时间和历史；充分表达地域特征。

园林花卉主要出现在园林绿地中的下层空间(图1-1)。可以围合空间，由于大多种类较低矮，多构成开敞和半封闭空间。园林花卉是园林中色彩的主要来源；是重要的裸露地面覆盖植物；可以充分体现景观多样化和灵活性；是园林重点地段美化的重要植物；

图 1-1　园林树木、花卉和草坪景观

尤其适宜小空间的点缀，在绿化中有画龙点睛的作用。

园林草坪植物呈现均一的绿色、细腻的质感、整齐的外观。可以强调地形变化；成为山石、建筑、水面及其他园林植物的绿色统一背景；可以连接不同空间，增加整体性和统一感。

### (三)园林花卉常见应用形式

园林花卉应用是科学和艺术的结合，它充分表现出植物本身的自然美和人类匠心的艺术美。人们根据花卉的观赏特征和人类的审美需求，创造出多种不同的应用方式。随着花卉种类的不断丰富、工程技术的发展和人们审美需求的变化，还将产生更多的花卉应用形式。目前，园林花卉主要应用形式有：花坛、花境、花丛花群、种植钵、花带、花卉地被、专类园等。

#### 1. 花坛

花坛是指按照设计意图在一定的平面或立体范围内栽植园林植物，表现植物群体色彩或图案美的花卉应用方式。花坛富有装饰性，在园林布局中常作为主景，在庭院布置中也设置在重点区域，是装饰、美化街道绿地和城市公共空间常用的花卉布置形式，还具有组织交通和烘托气氛的作用，是城市活动、节假日时主要使用的花卉布置手段。

花坛是一种规则式、突出季节性的花卉应用形式，有平面或立体，单体或组合等多种类型。可以是移动的，由盆植摆放而成；也可以是固定的，有固定的种植床，将花卉种植在土壤中，通过更换花卉种类形成春、夏、秋不同季节的景观。

(1)花坛的布置地点：花坛常设置在建筑物前、交通环岛中心、主要道路或主要出入口两侧、广场中心或四周、风景区视线的焦点及空旷草坪等处。多应用于规则式布局环境中。

(2)花坛的种类：

①依据表达的景观不同　分为盛花花坛和模纹花坛。

盛花花坛　又称花丛式花坛，主要表达花卉群体开花时的色彩(图 1-2)。花坛内栽植的花卉以其整体的绚丽色彩与优美的外观取得群体美的观赏效果。盛花花坛外部轮廓

多采用几何图形或几何图形的组合，内部图案简洁、轮廓鲜明，体现整体色块效果。

适合布置盛花花坛的花卉种类一般具有以下特点：株丛紧密、着花繁茂，盛花时应完全覆盖枝叶；花期较长，开放一致；花色明亮、鲜艳，有丰富的色彩幅度变化。同一花坛内栽植几种花卉时，应界限明显，从而形成明确的色块；相邻的花卉色彩也要和谐，高矮则不宜相差悬殊。

模纹花坛　主要由低矮、枝叶纤细的观叶植物或花叶兼美的园林花卉组成，表现群体组成的精美图案或装饰纹样(图1-3)。模纹花坛外部轮廓以线条简洁为宜，内部纹样图案可选择的内容非常广泛，如工艺品的花纹、文字或文字的组合、花篮、花瓶、各种动物、乐器图案等。色彩设计应以突出图案纹样为原则，用植物的色彩突出纹样，使之清晰、精美。

图1-2　盛花花坛

图1-3　模纹花坛

选择模纹花坛用花卉时，以便于形成细密的图案纹样为原则，多选用低矮细密或耐低修剪的观叶花卉，或低矮、花叶细密的观花花卉。此外，还应具备生长缓慢、繁殖容易等特点的花卉。植物种植密度高，相邻植物色彩区别明显，以突出纹样。

②按花坛形式　分为平面花坛、斜面花坛、立体花坛。

平面花坛指花坛表面与地面平行，主要观赏花坛的平面效果(图1-4)。斜面花坛是指设置在斜坡阶梯架子或建筑物台阶上的花坛，花坛表面与地面成一定角度(图1-5)。立体花坛是指花坛向空间延伸，内部有一定的框架结构，常设计成具有主题的各种造型，形成生动活泼的立体景观(图1-6)，可四面观赏，也可单面观赏。

图1-4　平面花坛

图1-5　斜面花坛

图1-6　立体花坛

实际应用中常见几种不同类型花坛进行组合，色彩和纹样展示并重，以形成丰富的景观。如平面和立体花坛结合；模纹花坛和盛花花坛结合。此外，花坛常常和喷泉、雕塑以及其他园林小品组合，还可以结合灯光装饰，增强其装饰性。

(3)花坛常用花卉：根据具体环境、季节、表达主题不同，确定恰当的花坛形式，并选用适宜的花卉种类，才能形成良好景观。

①盛花花坛　以一、二年生花卉为主，主要有万寿菊、矮牵牛、鸡冠花、一串红、彩叶草、大花三色堇、非洲凤仙、羽衣甘蓝、角堇、百日草、夏堇、金盏菊等；也可使用宿根或球根花卉，如四季秋海棠、菊花、郁金香等，但只观赏花期效果；还可以用苏铁、叶子花、软叶刺葵、蒲葵等花木作为中心材料。

②模纹花坛　以多年生观叶花卉为主，常用种类有五色草类、彩叶草、翠云草和金叶景天、反曲景天、佛甲草等观叶花卉，以及香雪球、四季秋海棠、小菊、非洲凤仙等低矮紧密的观花花卉等。

## 2. 花境

花境是根据自然风景中，林缘野生花卉自然斑驳散布生长的景观，加以艺术提炼而形成的，以树丛、树群、绿篱、矮墙或建筑物作背景，以多年生宿根花卉为主组成的带状半自然式花卉布置形式(图1-7)。典型花境以带状为主。依环境的不同，花境的边缘可以是自然曲线，也可以采用直线。各种花卉的配置常采用自然式块状混交，立面景观体现植物株型、花期、色彩、质地的对比。花境是可以多季节观赏，体现地域植物特色的一种花卉应用形式。根据具体环境，结合花卉材料的选择，花境的大小、长短、高低都可以变化，可以是五彩缤纷的，也可以是同系色调的。

**图1-7　花　境**

(1)花境的设置位置：多设在庭园四周、矮建筑物的墙前、园林小径两侧、篱笆前和墙边等带状地带。花境背后常用矮墙或修剪整齐的深绿色绿篱或树篱作背景，前面铺设草坪，通过背景、前景和花境花卉在色彩、质感等方面的对比，使花卉景观更加鲜明突出。

(2)花境的类型：花境因设计观赏面不同，可分为单面观赏花境和双面观赏花境等。

单面观赏花境适宜宽度一般为0.9～1.2m，混合花境宽度为1.5～2.5m。通常低矮植物在前，高者在后，也可参差种植；多以建筑、绿篱或栅栏作背景，供游人单面观赏。其高度可高于人的视线，但不宜太高，一般布置在道路两侧、建筑物墙基或草坪四周。

双面观赏花境适宜宽度一般为3.0～4.5m。植物的配置为中央高，两边较低，因此，可供游人从两面观赏，通常两面观赏花境布置在道路、广场、草地的中央等处。

(3)花境植物材料的选择和要求：花境内植物的选择以在当地露地越冬、不需特殊管理的宿根花卉为主，可以选用少量小灌木、球根花卉和一、二年生花卉。如玉簪、石蒜、紫菀、荷兰菊、东方罂粟、菊花、鸢尾、芍药、美人蕉、大丽花、大花金鸡菊、蜀葵等。花卉配置时应综合考虑同一季节中彼此的色彩、姿态、形状及数量的配合，要搭配得当，植株高低错落有致，花色层次分明。理想的花境应四季有景可观，即使寒冷地区也应做到三季有景。花境的植床要有一定的轮廓，边缘可以布置草坪或种植葱兰、麦冬、沿阶草等作点缀，也可配置低矮的栏杆以增添美感。

图1-8　千屈菜花丛

### 3. 花丛花群

花丛花群是根据花卉植株高矮及冠幅大小的不同，将一种或多种花草三五株组合种植，配置在阶旁、墙下、岩隙、水畔、林下、山石旁的自然式花卉种植形式（图1-8）。花丛花群可大可小，三五成丛，多则为花群，位置灵活，极富自然趣味。其适宜布置自然式园林环境。

花丛花群从平面轮廓到立面构图均为自然式，无镶边植物，与周围草地、树木等没有明显界限。花丛花群内花卉种类不能太多，同种也可以，多种花卉则要有主次、高低的差别。

花丛花群植物以适应性强、栽培管理简单、且能露地越冬的宿根、球根花卉为主，如芍药、玉簪、马蔺、鸢尾、萱草、蜀葵、玉带草等。

### 4. 种植钵

种植钵是指将一种或几种花卉按设计组合栽植到各种种植钵（箱）中，在观赏期运送到所需的观赏地点或固定摆放在城市广场、商业中心、道路、建筑空间、公园草坪等处进行环境装饰的花卉应用形式（图1-9）。该花卉应用形式方便快捷，可迅速形成景观，

图1-9　不同形状、材质的种植钵

尤其适用于硬质铺装多、场地狭小、临时性布置、需要经常变换景观，而装饰性要求高的空间。多个种植钵组合还可以用来分隔空间，多用于商铺前布置。中、小型种植钵还可以悬挂在灯柱、立体花架、墙面等处，形成垂直绿化。

种植钵和其中的花卉共同构成一个整体景观，在造型、质地、色彩等多面形成和谐的装饰品。种植钵的种类、尺寸很丰富，质地千差万别，常见的有各种质地的吊篮、花槽、窗盒、花钵等，既有大批量生产的混凝土、玻璃钢、塑胶预制件，也有各种富有个性的器皿，如草筐、木箱、陶盆，甚至废轮胎等。还可以设计独具匠心的种植钵体，配置适宜的花卉，满足具体环境的要求。

适合于种植钵的植物种类很多，一、二年生花卉，球根花卉，宿根花卉，矮生的藤蔓植物以及多肉植物等都可以选用。常用的有四季秋海棠、非洲凤仙、矮牵牛、万寿菊、盾叶天竺葵、郁金香、石莲花以及'晨光'芒、狼尾草等观赏草。需要根据使用环境、种植钵器进行花卉种类选择及种植设计。

### 5. 花带

花带是指有明显长短轴差异的带状花卉布置形式(图1-10)。常见花带宽为50～100cm。花带可以是直线形带状，也可以是曲线形带状，还可以两者结合，因此在规则式和自然式布局中都可以使用。花带可布置在河流两岸、街道两侧、建筑物四周、广场、墙垣前、草地边缘等带状地带。较窄的花带通常由同种、同色花卉组成(图1-11)，较宽的花带可以由两三种不同花卉组成。

花带花卉种类与盛花花坛花卉相似，常用的种类有：非洲凤仙、矮牵牛、地被菊、粉萼鼠尾草、四季秋海棠、一串红、万寿菊、彩叶草等。

### 6. 花卉地被

园林地被是指通过大面积栽植低矮、覆盖度高的园林植物，形成密盖地表的植物景观。具有增加植物群落层次、丰富下层景色、美化和改变微地形、防治水土流失、有效降低地面温度、防风滞尘、减少或抑制杂草生长等功能。可以由木本也可以由草本植物形成。花卉地被则是由草本花卉形成的园林地被，不仅具有一般园林地被的功能，同时

**图1-10 曲线花带**

**图1-11 万寿菊花带**

图1-12　花卉地被

装饰性强，是园林重点地段与草坪并用的花卉布置形式之一(图1-12)。

优良的花卉地被，应该具有低矮(25cm以下)、耐瘠薄干旱、生长缓慢、管理粗放等特点。常用的地被花卉有：二月蓝、玉簪、垂盆草、红花酢浆草、白穗花、丛生福禄考、吉祥草、白三叶、'金叶'过路黄、麦冬、紫花地丁等。

### 7. 花卉专类园

花卉专类园是指在一定范围内种植某一类花卉供游赏、科研或科普的园地。有些植物变种、品种繁多，有特殊的观赏性和生态习性，其观赏期、栽培条件要求相似，宜于集中一园专门展示。

常见的花卉专类园有：鸢尾园、郁金香园、报春花园、仙人掌及多浆植物园、水生植物园(图1-13)、岩石园(图1-14)等。

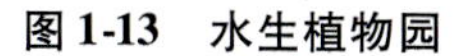

图1-13　水生植物园

图1-14　岩石园

## 二、实习指导

### (一)目的

1. 了解园林花卉在园林绿地中常见的应用形式及其景观特点。

2. 从景观方面直观感受园林花卉、园林树木和园林草坪植物在园林绿地中的不同效果。

3. 掌握调查区不同花卉应用形式及其常用的花卉种类及其应用效果，为今后系统学习园林花卉各论奠定基础。

4. 掌握园林花卉应用调查方法，训练从调查活动中提炼专业知识的能力，培养综合分析的能力。

### (二)时间与地点

1. 在“园林花卉学”课程绪论讲授之后进行。

2. 选择园林花卉应用形式较多的季节和地段进行。

### (三)内容与操作方法

1. 指导教师带领学生实地观察园林花卉应用形式；引导与分析不同应用形式的景观特点、花卉种植特点、花卉种类；组织引导学生观察比较园林树木与花卉、草坪植物的应用形式及其景观效果。

2. 学生选择2～3种花卉应用形式，每类选择一个案例，草测平面图，记录使用的花卉种类。

## 三、思考与作业

1. 观察比较各种花卉应用形式的特点。

2. 收集不同园林花卉应用形式的资料，完成实习报告，并对园林树木、花卉和草坪植物在园林绿化中的用途进行分析和讨论。

# 实习2

# 园林花卉种子的采收与识别

## 一、概述

种子是裸子植物和被子植物特有器官。是植物通过传粉受精，由胚珠受精后形成的胚发育而成。是植物有性繁殖(种子繁殖)的材料体。

种子繁殖是大多数一、二年生花卉和部分多年生花卉的主要繁殖方式。正确识别种子，适时采收及妥善保存种子是园林花卉种子繁殖成功的基础。

### (一)花卉种实采收和保存

1. 种实采收

正常情况下，植物开花后会结实，形成种子。只有高质量的种子才能作为繁殖材料体使用，才能繁殖培育出健康的种苗，这也是实现花卉良好景观的保证之一。采收作为繁殖体的可能是种子，如金盏菊；也可能是果实，如铁线莲。对于确定的种和品种，正确的种实采收方法是获得成熟饱满、发育良好、无病虫害的健康种子的保证。种子质量与采收时间、采种母株的生长发育状况、采收部位、采收时种子的生理状态有关。

不同成熟阶段采收的种子，其发芽力有明显差异。种子达到形态成熟时及时采收与处理，可以防止散落、霉烂或丧失发芽力；过早或过晚都有不利影响。一般应在群体中60% ~80% 的植物，其种子陆续成熟时进行采收，过早或过晚形成的种子，质量一般不高。选择生长健壮、种实饱满、无病虫害的植株采种；一般中部及中上部位置的种子质量优于顶部和下部种子。要选择品种典型性高的单株、花序和种子进行采收。例如，选取波斯菊、翠菊、矢车菊、万寿菊等着生在花盘边缘的种子，保持母本花色和花型更好。

不同花卉种子传播方式不同，需要根据具体情况适时采用。原则是保证种实成熟但又未开始散种时进行。主要有两类：

(1)干果类种子：如蒴果、蓇葖果、荚果、角果、坚果等，果实成熟时自然干燥，易干裂散出；应在充分成熟前，行将开裂或脱落前采收。某些花卉如凤仙、半支莲、三色堇等果实陆续成熟散落，须从尚在开花植株上陆续采收种子，也可以提早在采种部位套袋。

(2)肉质果种子：肉质果成熟时果皮含水多，一般不开裂，成熟后自母体脱落或逐渐腐烂，如浆果、核果、梨果等。应待果实变色、变软时及时采收，过熟会自落或遭鸟虫啄食。若果皮干后才采收，会加深种子的休眠或受霉菌感染。如君子兰等，可以提早采收果实，剥除果皮。

为了保持和提高园林花卉优良品种的种性，生产中往往需要开辟专门种植圃来繁殖栽培采种母株，给予精心的养护管理。良种繁育圃地的土壤要疏松肥沃，排水好；适当多施用磷、钾肥；适当提高株行距以扩大营养面积。为了防止生物学混杂，同种花卉的不同品种种植地点还要有隔离或分期播种，错开花期。

2. 种实保存

种实采收后，根据种子寿命决定保存方式。种子寿命与遗传特性和采收时的生理状态有关，还明显受保存环境的影响。一般花卉种子寿命可以保持2~3年或更长时间，但是随着贮存时间延长，发芽率会降低，出苗不整齐，发芽后幼苗生活力也会降低。降低保存温度，保持干燥，有助于延长种子寿命。短命种子一般随采随播。中等寿命和长命种子可以根据具体情况采取干存、湿存等方法。大部分花卉种子需要干存，对于这类种实，采收、脱离、去杂、晾干后最好装入防潮的牛皮纸袋，写好标签，放在低温、干燥、避风环境保存。有条件可以装入纸袋或布袋放入冰箱5℃左右保存，不能低于0℃，不宜高于15℃，并使用干燥剂等保持干燥。湿藏的种子可以和湿沙混合后放在不结冰的环境中保存。需要水藏的花卉装入小网袋，悬吊于水体中，尽量随采随播。

### (二)园林花卉种实识别

花卉种(子)实(果实)形态、色彩、大小、质地千差万别，正确识别种实，才能保证繁殖的花卉种类正确，没有混杂，培育出需要的花卉种苗，保证后期应用需求。也有助于种实处理、播种量判断、播种方法选择、后期种苗管理等工作。

1. 花卉种子大小

(1)按粒径大小分类。

大粒(粒径>5.0mm)种子：紫茉莉、君子兰、金盏菊；

中粒(2.0~5.0mm)种子：紫罗兰、一串红、矢车菊；

小粒(1.0~1.9mm)种子：三色堇、鸡冠花、半支莲、雏菊；

微粒(<0.9mm)种子：金鱼草、四季秋海棠、矮牵牛。

(2)可以用千粒重表示种实大小。一般千粒重大，表示单粒种实大且重；千粒重小，表示单粒种实小或轻。

(3)可以用1g种子或100g种子所含粒数表示种实大小和轻重。

2. 形状

园林花卉种子有球状(紫茉莉)、卵形(金鱼草)、椭圆形(四季秋海棠)、镰刀形(金盏菊)、肾形(鸡冠花)、披针形(除虫菊)、线形等多种形状。

此外，许多种实具有附属物，如茸毛、翅、钩、突起、沟、槽等，也可作为识别特征。

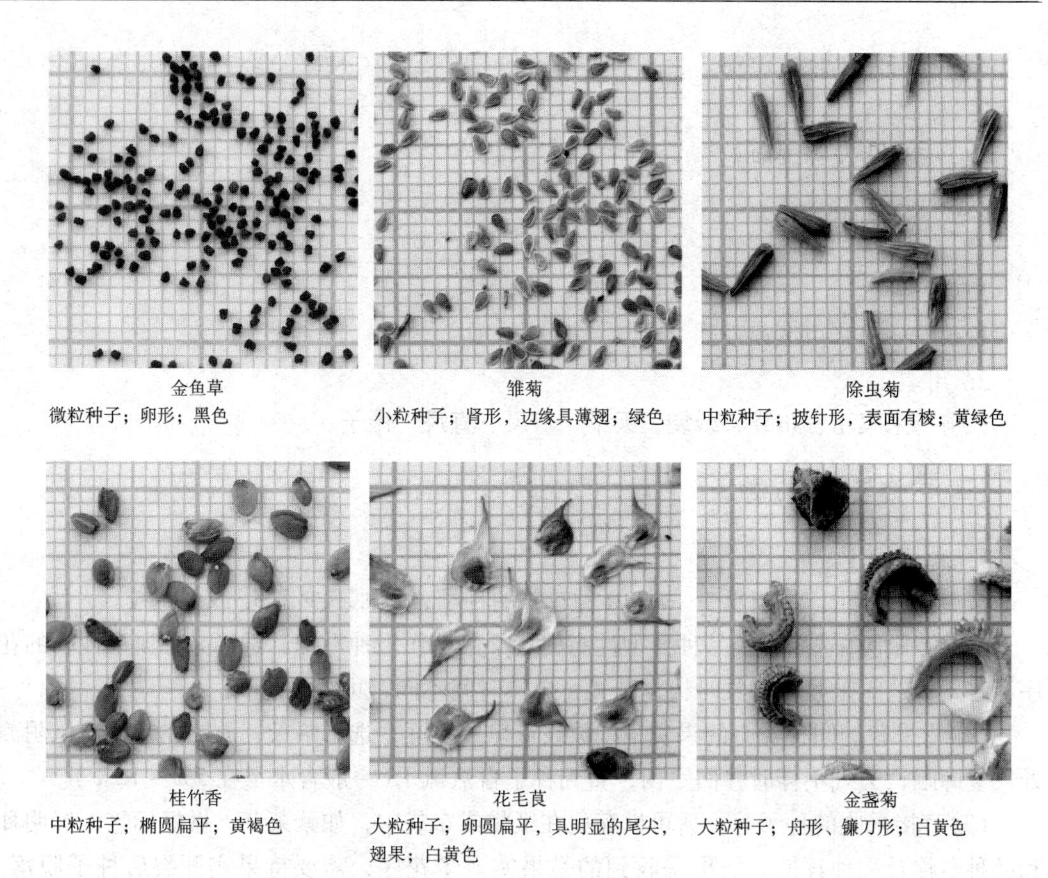

金鱼草
微粒种子；卵形；黑色

雏菊
小粒种子；肾形，边缘具薄翅；绿色

除虫菊
中粒种子；披针形，表面有棱；黄绿色

桂竹香
中粒种子；椭圆扁平；黄褐色

花毛茛
大粒种子；卵圆扁平，具明显的尾尖，翅果；白黄色

金盏菊
大粒种子；舟形、镰刀形；白黄色

**图2-1　部分花卉种实及形态**

3. 颜色

园林花卉种子有绿色（雏菊）、白黄色（金盏菊）、黄褐色（三色堇）、褐色（毛地黄）等多种颜色。

图2-1是部分花卉种实及形态描述。

## 二、实习指导

### （一）目的

1. 了解园林花卉种子识别和采收的重要性。
2. 了解采收的时间和方法，掌握种子采收和处理的基本技能。
3. 通过种子采收，掌握常见园林花卉种子外部形态特征，能准确识别不同花卉的种子。
4. 了解花卉种子采收后处理方法和保存方法。

### （二）时间与地点

1. 时间

春季或秋季。8～9月下旬进行一年生花卉种子采收及识别；5月中下旬至6月进行二年生花卉种子采收及识别。

2. 地点

一、二年生花卉圃地。

### (三)材料和用具

1. 材料

种植的一、二年生花卉。

2. 用具

枝剪、采集箱、布袋、纸袋、天平、卡尺、直尺、镊子。

### (四)内容与操作方法

1. 种子采收

按照实习小组，每组至少采收10种花卉的种子，每种不少于5g或100粒。

(1)在圃地中选取优良品种典型性高的若干单株作采种母株，选择品种典型性高的花序和种子，适时采收，采收时根据种类、成熟时间不同，可分批进行。

(2)将采收的同种花卉的果实集中放在笸箩中摊开，选择晴天，放置在室外通风阴凉处反复晾晒，天气不佳时移回室内，直到种子自然风干(一般含水量在5%～12%)。

(3)直接采收的种子晾干后可以存放在纸袋或布袋中，如紫茉莉，做好标签，标明种和品种名称及采种日期。如果采收到的是果实或干花序，需要待果实开裂后种子脱落，然后除去杂物，将种子收入袋中装好，做好标签。

(4)留出部分种实进行识别，其余装袋保存。

2. 种子的识别

(1)将采收的10种花卉种子按照种实粒径大小进行分类。

(2)任选3种以上数量较多的花卉种子，测量其种子千粒重。

(3)认真观察采集的10种花卉种实的大小、形状、色彩，进行绘图并拍照。对照实物进行描述。

## 三、思考与作业

1. 绘制表格，填写5～10种花卉种子或果实的采收方法和外部形态特征，并附手绘图。

2. 种子采收的依据是什么？如何确定不同类型花卉的种子采收期？

3. 采收成熟度与种子生活力有何关系？

4. 种子识别的意义是什么？

5. 收集种实形态照片，仿照下列方式进行资料积累(图2-2)。

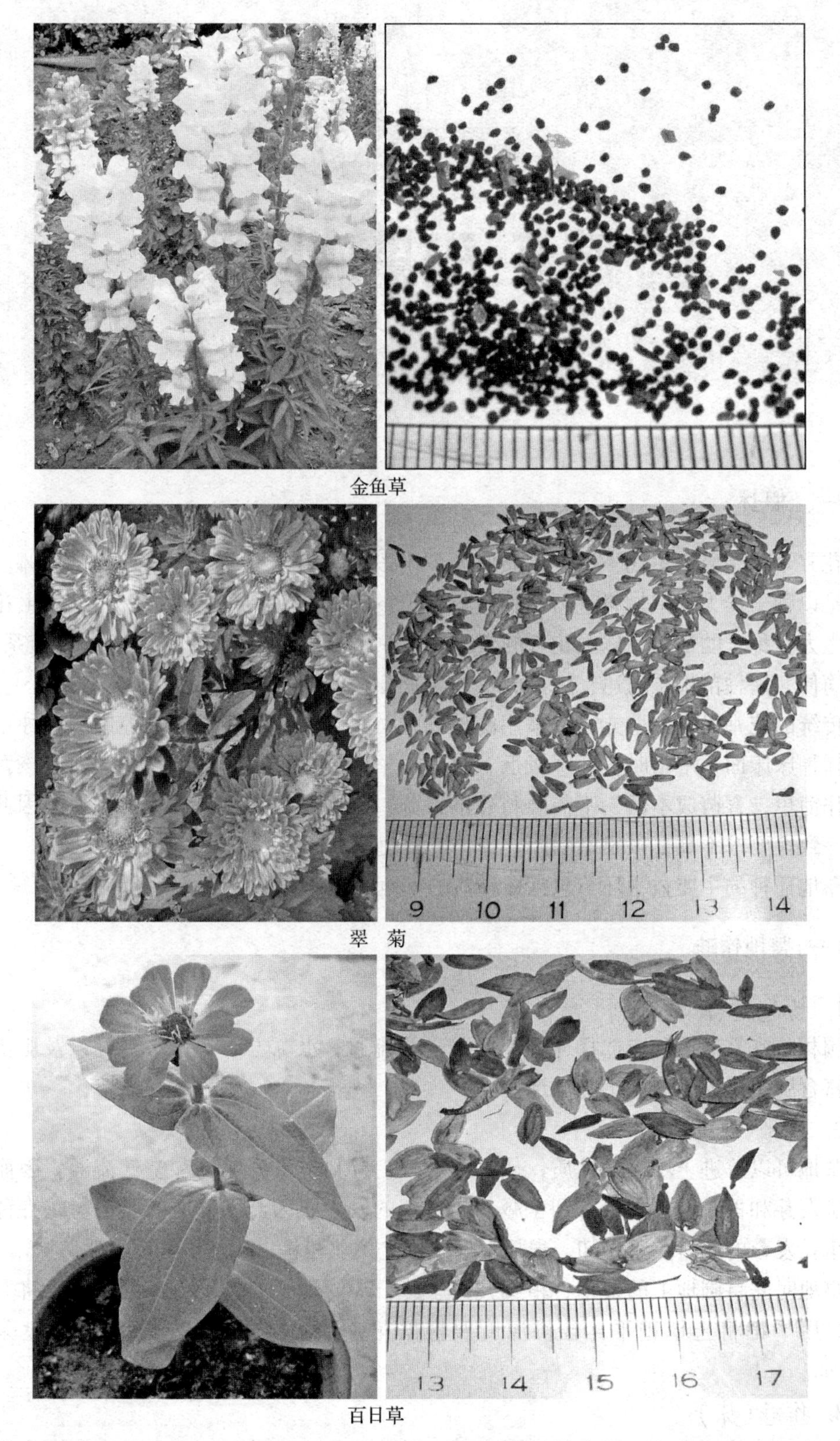

金鱼草

翠　菊

百日草

**图2-2　部分园林花卉及其种实形态**

# 实习3 园林花卉露地播种

## 一、概述

花卉繁殖是繁衍后代，保存种质资源的手段，并为花卉选种、育种提供群体。播种繁殖是以种子作为繁殖材料进行后代群体扩增的方法，适用于大多数一、二年生花卉及能产生大量种子的宿根、球根花卉的繁殖。播种繁殖的特点是种子来源广，繁殖系数大，方法简便，播种苗根系发达，生长健壮，寿命长，对环境的适应性强。

传统的花卉播种繁殖方法多采用露地播种，其缺点是环境条件难控制，播种不易均匀，播种床床面不平整时发芽率较低，出苗不整齐且播种后间苗工作量大，但该育苗方法操作简单，育苗成本低，不需要特殊的设施，繁殖系数高，管理相对简单，因此，在种苗一致性要求不高，以及家庭园艺中仍广泛使用。

露地播种的主要技术环节包括播种前的整地作畦、种子处理、播种和苗期管理等。

### (一)整地作畦

1. 场地选择

园林花卉露地播种应选择光照充足、空气流通、水源方便、排水良好以及肥沃、平整、富含腐殖质的砂质壤土的场地。

2. 整地

整地可以改进土壤物理性质，使土壤松软，有利于水分保持和空气流通，因而有利于种子发芽和根系伸展，也有利于减少病虫害的发生。因此，整地的质量与花卉种子出苗和生长发育的质量关系密切。春播最好采用立冬前秋耕，生地更需要秋耕。

整地时先将圃地上的杂草、植物残体、砖石等清理干净，然后深翻土地，将大土块拍碎，用平耙将土地耙平。翻耕深度要根据花卉种类及土壤状况而定，一般深度约为30cm。

3. 作畦(床)

整地后，放线作畦。用木棍和绳子画出播种畦大小。播种畦走向以南北向为宜，坡地应使苗床长边与等高线平行。播种畦大小以播种花卉种子量而定。为了管理操作方便，

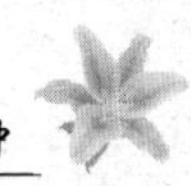



一般生产中花卉播种畦床面宽为1m，长度视地块大小和喷灌情况而定，6～10m不等，不超过20m。播种畦有高畦、低畦和平畦之分，根据当地的气候条件而选定。如南方多雨地区和低湿地段要作高畦，即畦面高出地表面10～20cm，两侧有低于畦面的畦沟以利于排水，并兼作步道。北方干旱地区则多作低畦或平畦，即畦面与地表面齐平或低于地面，畦面四周有10～20cm高的畦埂有利于保留雨水和灌溉，也兼作步道，畦埂一般宽约20cm，须踏实以防漏水。

播种畦做好后用耙子整平床面，然后酌情进行适度镇压。镇压适用于土壤孔隙度大、早春风大地区及小粒种子播种等。黏重的土地或土壤含水量较大时，一般不镇压，以防土壤板结，影响出苗。

播种前向播种畦中充分灌水，这样播种后可以较长时间保持土壤湿润状态。水下渗后看床面有无裂缝，若有则用细沙修补，防止播种时种子落入缝隙中，之后即可播种。

### (二)种子处理

播种前对种子进行处理的目的是打破种子休眠、促进种子萌发或使种子发芽迅速整齐。大多数一、二年生草花种子不处理也可以出苗良好，但部分种类需要在播种前对种子进行处理。种子处理的方法很多，园林花卉中常用的方法有机械破皮、浸种、层积处理等。

1. 机械破皮

一些大粒种子种皮坚硬，发芽较困难，需进行机械破皮。浸种前用刀刻伤种皮或将种皮磨破，使其透气透水，促进发芽，如荷花种子。一些花卉种子虽小，但附属绵毛密集，也可以与砂土混合揉搓以去除使其易吸水，如千日红。

2. 浸种

浸种是将种子浸泡在一定温度的水中，使其在短时间内吸水膨胀，达到萌芽所需的基本水量。浸种时要注意掌握水温、时间和水量。一般浸种水温在20～30℃，浸种时间以种子充分膨胀为度，用水量为种子量的4～5倍。波斯菊、百日草等幼苗容易徒长的园林花卉常结合植物生长抑制剂进行浸种处理。

3. 层积处理

为解除种子的休眠，促使发芽整齐，有些种子需要进行层积处理。层积前将精选的种子用清水浸泡1～3d，每日换水并搅拌1～2次，使种子充分吸水。然后与洁净的湿沙混合，放在透气性良好的瓦盆或者木制容器中，在2～7℃低温、湿润、透气的环境中进行层积处理，直到种子露白即可播种。层积处理多用于山茶、月季、山楂等木本植物种子，芍药等草本花卉也可采用该方法促使发芽整齐。

### (三)播种

1. 播种时间

应根据花卉的适宜萌发温度、耐寒力、耐热性及使用时间来选择花卉的露地播种时间。我国南北各地气候差异较大，冬季寒冷期长短不一，因此露地播种适宜时间还要根

据各地气候条件灵活掌握。适时播种不但节约管理费用、出苗整齐、发芽率高，而且能满足不同时期花卉应用的需要。

一年生花卉耐寒性差，通常在春季晚霜过后播种。华北地区在4月下旬至5月上旬，华中地区在3月下旬至4月上旬，华南在2月下旬至3月上旬。华北地区为了提早开花或在“五一”应用，常于2～3月在保护地中提早进行播种育苗。为了国庆节布置，也可延后播种。

二年生花卉为耐寒性花卉，种子宜在较低温度下发芽，因此适宜秋播。二年生花卉秋播适宜时间也依南北地区不同而异。北方在8月底至9月初，南方则在9月下旬至10月上旬。

宿根花卉的播种依耐寒力强弱而异。大多数耐寒性宿根花卉春播、夏播或秋播均可，尤以种子成熟后即播为佳。但一些要求低温与湿润条件完成休眠的种子，如芍药、鸢尾、飞燕草等必须秋播。不耐寒常绿宿根花卉宜春播，或种子成熟后即播。

2. 播种量

播种量主要由种子的净度、发芽率、成苗率等决定。由于人为以及自然等因素的影响，实际成苗率往往低于理论值，因此，确定播种量时，还应适当考虑种子的大小、播种季节、土壤耕作质量及播种方式、技术熟练程度等对成苗率的影响，适当提高播种量。

3. 播种方法

根据花卉种类及种子大小不同，可采取点播、条播或撒播等方法。

(1)点播：也称穴播，即按一定的株行距开穴播种，每穴放置1～3粒种子。发芽后仅留生长强健者一株，其余株可移植它处或拔除。此法幼苗生长最为健壮，但出苗量最少。适用于不耐移植的种子和大粒种子，如紫茉莉、向日葵、香豌豆等。

(2)条播：即按一定行距开窄沟，将种子均匀放置沟中。行距与沟宽视种子大小而定。该播种法在日光充足、空气流通的条件下，幼苗生长健壮，多用于温床、浅箱的播种和中、小粒种子的播种，如一串红、鸡冠花、半支莲等。当花卉品种较多，而每种数量较少如家庭园艺播种时亦采用此法。

(3)撒播：即将种子均匀撒放在播种床上。此法播种量多，出苗量亦多。其缺点则由于幼苗拥挤、日光照射不足、空气流通不良，易造成徒长。该法多用于细小种子的播种，如金鱼草、矮牵牛、四季秋海棠等。种子过于细小时，为了播种均匀，可将种子与适量细沙混合后播种。

4. 播种密度

在下述情况下应降低播种密度：大粒种子，发芽率及发芽势高的种子，幼苗生长迅速的种子，以及土壤、季节、气候适合种子发芽的情况等。

5. 覆土

播种后应立即覆土。覆土的厚度依种子大小、土壤状况、气候条件以及播种后的管理情况而定。对于撒播的细小种子，播种后可以覆极薄的一层细砂土，如果拌砂后播种，可不用再覆土。大、中粒种子覆土厚度一般为种子直径的2～3倍。在土质方面，砂质土其质地疏松而保水力弱，覆土宜深；黏重土质地紧密、保水力强，覆土宜浅，如播种过

深则幼苗不易出土。此外，在干旱季节覆土宜深，湿润多雨季节覆土宜浅。种子覆土用土应采用经 0.3cm 孔径的筛子过筛的细土。

6. 覆盖

不同地区播种后根据具体气候条件决定是否覆盖。例如，北方春季多风，播种覆土后宜用塑料地膜或草帘覆盖苗床，主要目的是防风、保温和保湿，利于种子萌发。

#### (四)苗期管理

播种后要经常检查覆盖物是否覆盖完好，以防床面露出受雨水冲刷或风吹。不同园林花卉种子萌发时间不同，最快播种后 3d 就能萌发，因此需要及时检查床面。当 70% 以上种子顶出土面，子叶或第一片真叶展开后应揭开薄膜等遮盖物，以避免幼苗黄化、弯曲或出现高脚苗等现象。

播种初期土壤宜保持较大的湿度，以使种子充分吸水，之后保持适当的湿润状态；土壤干燥时可用细孔喷壶喷水；小粒种子播种床可用喷雾器喷水。子叶或第一片真叶展开后，每天上午 9：00 之前检查床面干湿情况，及时补水，给水要均匀，不可使苗床忽干忽湿，或过干过湿。待长出 2 ~ 3 片真叶时，可结合施氮肥给苗床灌一次水。

播种苗往往比较密集而且不均匀，因此必须进行间苗，使留下的苗能得到充足的阳光和养分。第一次间苗在出齐苗时进行，不能太迟，否则苗株拥挤而徒长、生长细弱，也易引起病虫害。间苗应在雨后或浇水之后进行，这时土壤松湿，容易连根拔除；间苗后应及时浇水 1 次，使土壤与留下的幼苗根系紧接，利于生长。当幼苗长到 3 ~ 4 片真叶时(或 3 ~ 5cm 高时)可进行第二次间苗，也可在此时进行分苗移植，扩大株行距。

## 二、实习指导

#### (一)目的

通过一年生花卉春季和二年生花卉秋季播种的实际操作，掌握草花露地播种的季节、方法和步骤，掌握露地播种育苗过程的关键技术。

#### (二)时间与地点

1. 春播时间

晚霜以后，当地气温在 15℃ 以上时进行。南方一般 2 月下旬到 3 月上旬播种，在北京地区一般 4 月下旬至 5 月上旬，东北一般要到 5 月中旬。

2. 秋播时间

入秋后气温凉爽时进行，原则是保证种子发芽后入冬前根系和营养体有一定时间生长。北京地区 8 月下旬至 9 月上旬，南方在 9 月下旬至 10 月上旬进行。

3. 地点

花圃的播种区。

**(三)材料与用具**

1. 实习材料

春播种子：千日红、万寿菊、百日草、向日葵、鸡冠花等一年生花卉种子。

秋播种子：雏菊、三色堇、桂竹香、金鱼草、紫罗兰、金盏菊、花菱草等二年生花卉种子。

2. 实习用具

浇水工具(喷壶、多喷头喷雾器)，覆盖物(塑料薄膜、稻草或苇席)、0.3cm孔径的网眼筛、挂签、标牌、记号笔等。

**(四)内容与操作方法**

1. 按照实习小组，每组播一个床畦。

2. 每组首先选择地块进行放线，整地作畦，提前准备好播种床。播种前一天给播种床充分灌水。

3. 以小组为单位，领取待播种的花卉种子。每组播种10种花卉，含大、中、小粒3类不同种子。首先观察播种花卉种子的大小、形状等，判断其所属类别；然后按照其适用的播种方法播种。

4. 根据实习指导教师讲解和示范的大、中、小粒种子的不同播种方法进行播种。

5. 播种后用过筛的细土覆盖种子。

6. 在播种床做好标签，标明各花卉种和品种名称、播种日期及班级组号等信息。

7. 给播种床覆膜，用砖头或土块将边缘压住，防止风吹起。

8. 3d后开始检查，当70%种子萌发后，即可揭开薄膜。子叶展开后每天9：00之前检查床面干湿情况，若干则需喷水；若湿则16：00左右再检查一遍看是否需喷水。

9. 两周后统计萌发率，观察记录不同种子的萌发时间、幼苗形态及生长状况。

## 三、思考与作业

1. 总结大、中、小各类花卉的播种方法及操作注意事项。

2. 以某一种花卉为例简述播种的操作过程及技术要点。

3. 用拍摄照片结合笔记追踪记录播种花卉种子的萌发过程和幼苗形态，进行资料积累。

# 实习4

# 园林花卉移苗与定植

## 一、概述

园林花卉露地播种出苗后，为了保证获得优良种苗，一般在种子萌发后幼苗茎叶彼此搭接后，需要对幼苗适当疏苗或去弱留强，称为“间苗”。为了保证幼苗以后足够的营养空间，同时通过移植断根，促进须根发达，植株强健，生长充实，植株高度降低，株形紧凑，小苗一般均要移栽到露地苗床或上盆(种植到花盆中)，不断扩大生长空间，以保证幼苗后期继续健康生长发育，称为“移苗”。因花卉种类不同和产品规格不同，一般花卉幼苗需要1~3次移植。幼苗最后一次移栽后供观赏，不再移植，称为“定植”。成功移苗或定植必须掌握适宜的季节和正确的操作方法。

园林花卉移苗方法主要有裸根移苗和带土坨移苗两种。裸根移苗通常用于小苗及容易成活的花卉种类，如凤仙花、矮牵牛等。而带土坨移苗则常用于大苗和一些不耐移植的直根系或缓苗慢的种类，如虞美人、香豌豆、三色堇等，可先将花卉播种在小花盆或营养钵中，然后间苗，待幼苗长到一定大小时，带土坨直接定植在应用地或上盆观赏。也可使用专门的播种育苗钵播种，方便带土坨移植。

花卉移植时间视苗大小而定，一般播种出苗后、长出2~3对真叶就可以进行第一次移植(又称分苗)，生长快的草花多在出苗后2周，生长慢的种类3~4周后进行，不宜在幼苗过大时进行。之后每当相邻植株茎叶搭接，就需要进行下一次移苗。

种植间距主要取决于花卉种类、用途和幼苗的生长速度等。在花卉育苗过程中，幼苗种植间距控制在1个月生长时间可使相邻幼苗之间茎叶搭接为宜，因此生长快的种类栽植距离可以大些，生长慢的种类可以适当缩小种植间距。若为定植，则视不同花卉种类开花时植株的大小而定，一般情况掌握使相邻植株之间茎叶搭接为度。

移苗的具体时间宜选择无风的阴天，若在炎热的晴天，则应于傍晚日照不过分强烈时进行。晴天大风水分蒸发量大，花卉容易萎凋，一般不宜移苗。在降雨前移植，则成活率更高；微雨天也能移苗，但雨较大时不宜进行，因为雨天地温较低，移植后新根发生缓慢。此外，移植应在土壤不过湿也不过干时进行。当干旱时，应在移植的前一天充分灌水，使土壤湿润。

栽植完毕后，应以细孔喷壶浇足水，定植大苗后，及时灌水。第一次充分灌水后，在新根未生以前，不可灌水过多，否则会引起根部腐烂。小苗组织柔弱，根系较少，移植后数天内应适当遮光。

## 二、实习指导

### (一)目的

通过本实习，掌握花卉移苗、定植的时间和操作技术。

### (二)时间

春季或秋季露地播种后，花卉盆播 15～20d 之后进行。

### (三)材料和用具

1. 实验材料

春播、秋播或盆播的花卉播种苗。

2. 实习用具

花铲、竹签、喷水壶等。

### (四)内容与操作方法

1. 整地准备移栽床

参照花卉播种床整地做床技术要领，制作移栽苗床。整地深度根据幼苗根系而定。花卉幼苗根系较浅，整地一般浅耕 30cm 左右。同时施入一定量的有机肥(厩肥、堆肥等)作基肥。

2. 间苗

间苗在播种床上进行即可。观察播种床种子萌发的幼苗，当茎叶彼此搭接时即可进行间苗。间出的健壮幼苗可以利用，移植到苗床上。间苗前勿使苗床过干，可先浇水使土壤呈湿润状态，用竹签轻轻挑起幼苗，根部尽量带土，以提高成活率。

3. 移植

(1)盆播苗移植前要炼苗。即分苗前几天移出温室，降低土壤基质温度，最好使温度比发芽温度低 3℃左右。

(2)播种幼苗展开 2～3 片真叶时进行移植。

(3)起苗前半天，苗床浇一次水，使土壤湿润便于起苗，裸根移植时，用花铲起出土坨，然后分拣出幼苗另行种植；带土坨移植时，起出带苗土坨后，可将相近的 2～3 株带土坨苗组合在一起另行栽植。移栽时用花铲将苗挖起时要尽量避免人为地伤害根系，以利移植成活。

(4)移栽种植时，将幼苗轻置于大小合适的穴坑，覆土，适度压实幼苗周围土壤。注意栽植深度以原有土壤印记为准，不宜过深或过浅。

(5)移植后管理。移苗后应及时浇足水，大量移苗时，栽种一定量幼苗后就要浇灌水，这样分批栽种，分批浇水，以防幼苗失水。之后土面干燥时需要进行松土保墒、中耕除草等工作。

4. 定植

将花卉种植到应用观赏地，方法同移苗。不同的是要保证适宜的种植株行距，使植株开花时相邻植株茎叶彼此连接，不露出土面。首先整好应用地土壤，补充适宜肥料，种植后及时浇水。

## 三、思考与作业

1. 用照片记录间苗、分苗和定植的整个过程，重点阐述技术要点，撰写实验报告。
2. 记录实习中涉及的直根系和须根系花卉种类，并绘图或用照片说明。

# 实习5

# 园林花卉盆播和穴盘播种

## 一、概述

盆播是花卉播种繁殖方式之一，是将种子播种在播种盆中，经过间苗、分苗等过程培育种苗。穴盘播种是现代化育苗方式之一，采用机器将种子分播于穴盘的穴孔中，通常以草炭、蛭石等轻质材料作基质，经过带基质移植等过程培育种苗。

由于播种盆和穴盘可以移动，因此方便控制播种环境，如配制播种专用基质，通过覆盖等调控温度、湿度等环境因子，以满足种子发芽和幼苗生长需求。容易实现精细管理，可以提高播种质量和幼苗质量。特别是穴盘播种，种苗带基质，起苗和栽植过程中根系受损伤少，成活率高、缓苗期短、发根快、生长旺盛。

采用这两种方式播种育苗，由于可以大大提高花卉播种的发芽率和整齐度，缩短育苗周期，便于机械化操作又不受季节限制，因此在花卉生产中使用非常普遍。

### (一)盆播

盆播是花卉育苗常用方法之一，主要用于温室花卉(在当地不能完成整个生命过程，需要在温室内完成全部或部分生长发育阶段的花卉)。也常用于一年生花卉阳畦的提早播种和二年生花卉阳畦的延迟播种。具体过程包括播种盆的准备、基质的准备、装盆、浸盆、播种以及播后管理等过程。如图5-1所示。

1. 播种盆的准备

北京传统的花卉播种盆为高7cm，直径30cm的素烧瓦盆。也可选用其他类似规格的盆器。为了方便操作，不宜选用口径太小的花盆。注意旧容器须洗净，如为新盆瓦应提前泡水1~2d进行充分吸水后备用。

2. 播种基质的准备

盆播要求用富含腐殖质、疏松肥沃的壤土或砂质壤土。一般可用园土1份、沙1份、泥炭1份混合均匀。也可用草炭、珍珠岩、蛭石等按不同比例配制而成。高温加热或用多菌灵、百菌清或高锰酸钾等对基质先进行消毒，若采用化学消毒，需将消毒基质置于干燥处，两周后方可使用。

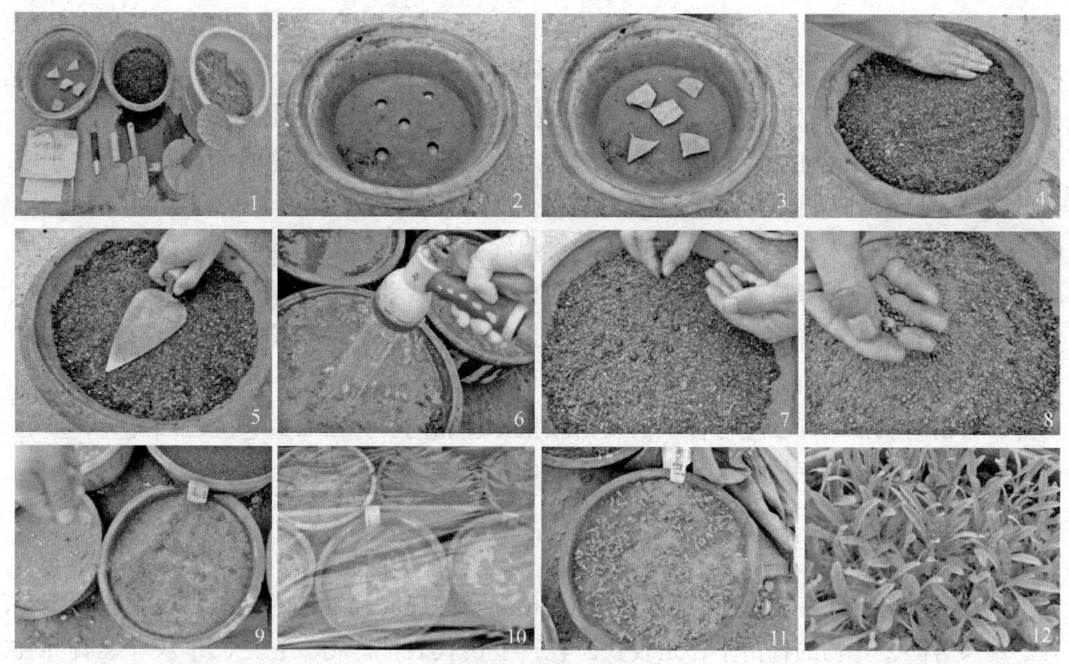

**图 5-1　盆播过程**

1. 盆播用具准备　2. 播种盆　3～5. 播种土装盆　6. 浇水　7. 播种(点播)　8. 播种(撒播)　9. 覆土　10. 覆膜保湿　11. 去覆盖物　12. 盆播幼苗

3. 装盆

先用碎瓦片盖住盆底的排水孔，然后用花铲装入小块碎瓦盆片、粗砂粒或煤渣，约 2cm，以利排水，再填满疏松的播种基质，用木条将土面刮平，然后适度压实，使土面距盆沿约 2cm 供后期浇水时存水用。

4. 浸盆或浇水

将育苗浅盘或花盆下部浸入较大的水盆或水池中，水面不要超过盆土表面，待土壤表面湿润后，将盆提出，待过多的水分渗出后，即可播种。也可用细喷壶从基质的表面喷水，到多余水分从排水孔排出后备用。

5. 播种

选择籽粒饱满，无病虫害的种子。细小种子如金鱼草等可掺混适量细沙撒播，然后用压土板稍加镇压。其他种子如凤仙花、一串红、万寿菊、鸡冠等可用手均匀撒播，播后用细筛筛过的培养土或沙覆盖，小粒种子以不见种子为度；大、中粒种子覆土厚度为种子直径的 2～3 倍。覆土后在盆上覆盖塑料膜或报纸，以减少水分蒸发。

6. 播后管理

播种后将播种盆放在温室或阳畦中，注意维持盆土湿润，干燥时仍然用浸盆法给水。待出苗后，及时撤去遮盖物，并移于光照充足处使幼苗生长健壮。

7. 间苗和分苗

当幼苗长到 3～4 片真叶时，茎叶相互搭连后应及时进行第一次分苗(又称间苗)。去除柔弱、徒长及畸形苗，将幼苗扩大株行距后重新栽植在阳畦或花盆中，以扩大幼苗的营养面积，增加光照和空气流通，使幼苗生长健壮，还有选优去劣的作用。此外，移植时由于主根被切断，可以促进侧根的萌发，同时可抑制幼苗徒长，使幼苗生长充实、株丛紧密。经过1~3次分苗后，幼苗可以定植到花盆中或栽种到应用场地供观赏。

分苗时要根据花卉种类和幼苗大小来确定适宜的株行距、花盆的大小以及每盆中栽植的株数。分苗用土可采用草炭∶园土∶有机肥为3∶1∶1的营养土。将营养土均匀摊入阳畦内或将花盆中加入一半基质，然后从基质湿润的播种盆中提出播种苗，提苗时注意尽量避免伤及根系，并保持湿润的基质附着在根系上，栽种后填满基质。裸根栽植时注意种植时要使幼苗根系舒展，然后装满基质。为了使根系与土壤密接，种植后可用手指轻压植株四周基质。分苗后要浇一次透水，也可以促进土壤与根系紧接，有利于幼苗生长。另外，分苗时栽植的深度应与移植前幼苗栽植深度相同。分苗后数日应适当遮光，以利于恢复生长，并要注意加强水分管理，确保幼苗成活。同时注意控制病虫害发生。

### (二)穴盘育苗

穴盘育苗是与花卉温室化、工厂化育苗相配套的现代栽培技术之一，广泛应用于花卉、蔬菜等园艺作物的育苗中，是现代园艺产业的代表性产物。它是以草炭、蛭石等轻质材料作育苗基质，采用机械化精量播种，高效培育的现代化育苗体系。花卉的穴盘育苗不仅为广大花卉生产企业和花农带来了极大方便，而且初步改变了我国传统的小而全的花卉种苗生产的格局，促进了花卉种苗生产向规模化、专业化的发展。

穴盘育苗是指采用专门的穴盘进行播种、移苗、栽培等育苗全过程(图5-2)。采用人工或机械方式将种子分播于已装满基质的穴盘穴孔里，发芽后，幼苗在各自的穴孔中生长直到移植。由于每株幼苗的根系完全被隔离在穴孔中形成，这样，幼苗的根部保留了大量根毛，有利于根系的发育。而在移植时，只需要将穴盘中的幼苗从穴孔中脱出，就可以将其完好无损地带基质移植到较大的容器或穴盘孔中，在移植过程中，植株和根系一般不会受到损伤或程度很低，移植后的植株生长旺盛而整齐，成品率高。因此，穴盘育苗在花卉育苗上的应用是一种新的发展趋势。

穴盘育苗的优点：

①穴盘育苗采用泥炭、蛭石、珍珠岩等轻基质。这些基质的比重轻，有良好的透气性及保水性，酸碱度适中，病菌污染少。基质与穴盘表面不黏着，容易从盘中脱出，也不黏到机械部件表面，便于机械操作。

图5-2　穴盘播种培育的幼苗

②穴盘播种发芽率高，幼苗生活力强，大量节约种子，可以高效地利用优质种子。

③穴盘育苗相对传统育苗，成品苗高，单位面积产量高，因而每株苗摊消的温室固定投资成本及温室运行费用大大降低，降低生产成本。

④穴盘苗的根系和基质形成的根坨结

实，不论手工或机械化移栽，根坨都不易散开避免根系受伤，移栽后能迅速生长而无传统育苗的缓苗期。

⑤使每株幼苗都有自己独立的生长空间，其生长不会因为延误移植而受太大影响。

⑥穴盘育苗可使用机械化播种，使穴孔基质的装填量、播种深浅、压实程度、覆盖深浅基本相同，保证出苗整齐、大小一致，有利于种苗的商品化，同时节约劳动力成本。

⑦穴盘育苗整个生产线容易进行消毒处理，病害传播的概率低。

⑧易于进行集中运输和远距离运输，扩大供应范围。

1. 穴盘育苗需要的配套设施

（1）精量播种系统：包括基质的前处理、自动混拌、装盘压凹、种子精量播种以及播种后的覆盖、喷水等作业项目，可以采用播种流水线来完成，其中精量播种机是最核心的部分。根据播种机的作业原理不同，分为真空吸附式和机械转动式。真空吸附式播种机对种子形状和粒径大小没有要求；而机械转动式播种机对种子的粒径大小和形式要求比较严格，许多种子在播种前，需要对种子进行丸粒化处理，将种子加工成一定大小粒径的圆球。播种前要将机器调整精确，使每穴的填充料量一致，压实程度也严格一致，压出的坑深浅、大小一致，深浅保持相差 ±2mm 以内，这样才能保证播种深度的一致。由于苗床的理化条件一致，种子也经过精选，从而保证了穴盘种子的出芽率和整齐度。

（2）穴盘：育苗的穴盘一是要防止植物根系盘旋，并促进基质中的空气流动；二是要有利于叶面附近的空气循环，所以穴盘大多采用凹槽式设计。市面上一般有 72 穴、128 穴、288 穴、392 穴等不同规格种类，其长 × 宽为 550mm × 280mm，如图 5-3 所示。

**图 5-3　不同规格的穴盘**

（3）育苗基质：穴盘育苗单株苗营养面积小，穴孔盛装的基质容量很少，因此，要育出优质的商品苗，必须选用理化性状好的育苗基质。良好的理化性状是指透气性、保水能力、离子代换能力和对植株的固着性能好。常采用的基质配比为泥炭∶蛭石 =3∶1 或草炭∶蛭石∶珍珠岩 =3∶1∶0.5。

（4）发芽室：为了保证种子萌发迅速整齐通常设置发芽室。在播种车间播种后，被浇透水的穴盘通常被送进发芽室内的架子上进行催芽处理。发芽室内温度因花卉种类不同，控制在 20 ~ 30℃，湿度在 95% 以上。催芽时间因植物种类而异，一般 3 ~ 6d 即可出芽，一个 30m$^2$ 的催芽室可以放置约 5000 个穴盘。

（5）育苗温室：穴盘中的种子萌发后，需移入育苗温室继续培育。温室是育苗的主要配套设施。育苗中心 50% 以上的费用用于温室及温室内设施的购置上。温室的选择与本地区所处的地理纬度和气候条件密切相关。夏季育苗需要降温、遮光等，可以采用风

扇—水帘系统和遮阳帘遮阴等措施。温室内一般需要有微喷设施，保证播种和栽培基质含水量大致在60% ~70%。

(6)运输和移栽：包括移植机和穴盘专用运输架等，方便移栽及远距离运输、销售。

2. 穴盘育苗的主要技术要点

(1)播种前的准备：包括种子、穴盘和基质选择与准备。

① 种子选购、准备　需要选购专业种子公司生产的种子，以保证质量。购买种子前应该做好计划，购买的种子最好一次性全部播完。若未播完，在保证种子未受潮的前提下，需密封并冷藏。此外，无论是选购还是自己采种的种子，发芽率都是至关重要的因素。购买的种子在包装上有发芽率标示，但若有条件，应在播种前进行发芽率检测，特别是进行大规模生产时。

由于穴盘播种时，每个穴孔内播一粒种子，对于种子粒径太小的种类需要购买包衣种子，或者自己进行丸粒化处理。

② 穴盘选择　穴盘的颜色、穴孔大小、深度、形状等都有较多的变化。穴盘选择首先要考虑到与播种机、移苗机等设备相匹配。其次是花卉种类、育苗目的、成本等。

穴盘孔穴越多，其每个孔穴的容积就越小，移栽周期则缩短。穴盘孔数的选用与所育的花卉种类、种子的大小、计划培育的成品苗大小有关。一般种子粒径大、幼苗株型较大以及育大苗需用穴数少的穴盘，而幼苗小、生长慢和培育幼小种苗则用穴数多的穴盘。一般花卉的育苗多用288穴盘或128穴盘。

穴孔越深，越利于种苗生长，目前穴盘深度多为4 ~5cm。穴孔形状影响基质容量，常见的有方形、圆形、六棱形等，基部较小，向上渐宽。目前常用的是方孔穴盘。穴盘颜色会影响根部温度，由于黑色吸光性好，尤其在冬春季节，对种苗根部的发育更有利，因此应用广泛。

若培育苗期较长的花卉种类，如秋海棠等，宜选择穴孔较大的穴盘，如128穴盘；生产虞美人、飞燕草等根系较深的种类，宜选用穴孔较深的穴盘。为了教学实习操作简便，可以选用比生产更大一号的穴盘，如一串红、万寿菊、百日草播种可选用72穴盘，矮牵牛、鸡冠花、翠菊等可选用128穴盘。

为了降低育苗成本，质量好的穴盘可回收利用，但在下一次使用前应进行清洗消毒。

③ 基质选择和准备　基质成分对种子的发芽率和小苗的整齐度、一致性等方面起着重要作用。目前，穴盘育苗中常用的基质包括泥炭、蛭石和珍珠岩等。

除了高质量的花卉、种苗生产外，一般的生产者、园林应用和教学实践等可采用自行配制混合基质，降低成本。比较理想的混合基质配方为50%加拿大泥炭 +25%蛭石 +25%珍珠岩。基质配好后，最好对其pH值、EC值等进行测试并依据生产的花卉种类进行调整后再使用。在对质量要求不很严格的情况下，也可用草炭代替泥炭。

各种穴盘的基质容量为：72穴/4.1L，128穴/3.2L，288穴/2.4L，392穴/1.6L，由此可计算出所用基质量，在实际应用中应加上10%的富余量，以使基质能充分填满穴盘。

(2)播种：包括基质填充、打孔、播种、覆料和淋水等步骤。从基质的混合、填料、打孔、播种、覆料到淋水，整个播种过程既可以完全依靠播种流水线来完成，这样播种

速度快，效率高，适合生产量大的专业种苗生产企业；也可以人工操作其中的部分程序或完全人工来操作。

①基质填充打孔　这是指将配制好的基质用人工或机械的方法将其填充到穴盘中并按压穴孔，让基质略微下凹，播种时可以让种子平稳地进入穴孔中。打孔深度根据种子形状而定，若没有打孔机，可以用相同规格的穴盘作为打孔器。

此过程的注意事项包括：基质填充前需搅拌均匀并初步湿润，这样便于装盘、浇水，同时可以避免浇水后填料不足；装填基质要充足、均匀，否则浇水会发生塌陷或干湿不一致，造成发芽时间不一，种苗生长不整齐，基质填充过满，则没有足够的空间覆料；对穴孔中的基质要稍微镇压，但不能压得太实。此外，已经填充好基质的穴盘需要错开码放，以免下层穴盘中的基质被压得太实。

②播种　选用籽粒充实饱满、发芽率高、无病虫害的种子。去除种皮外的毛等附属物。对非包衣种子可用温水浸种一昼夜，或用温热水（30～40℃）浸种数小时，然后除去漂浮杂质以及不饱满的种子，之后播种。现在常用的从种子公司购买的种子不需此步骤。

可采用人工播种或使用播种机。人工播种可选择一个高度适宜的操作台，将装满基质的穴盘置于操作台上，人工将种子一粒一粒播于穴盘的穴孔内，每个穴孔放置一个种子。若采用播种机，按照相应的说明书进行操作。

③覆料　多数花卉的种子播种后都需要覆料。覆料有利于保持种子周围湿度，帮助幼根向下扎，固定植株，保证幼苗的正常萌发和出苗。覆料厚度要适宜，太薄失去覆盖的意义；太厚影响出苗时间和出苗率。小粒种子只需将种子盖住，粒径较大的覆料厚度为粒径的3倍。对于喜光种子，如报春花、毛地黄、非洲凤仙、金鱼草以及藿香蓟、雏菊、香雪球、四季秋海棠等细小种子，播种后可不覆料，但务必保持基质湿润，而对于嫌光性种子，如雁来红、花菱草、福禄考、长春花、黑种草、金盏花、万寿菊等播种后放置于黑暗处，出芽后应及时移到光亮的地方。

④浇水　在完成播种、覆料后，便要浇水。如果是采用播种流水线作业，淋水可以由机器自动完成，此时水滴大小、水流速度可以控制，浇水均匀。如果采用人工喷水，需喷水至穴盘底部有水渗出，同时注意选择喷头流量的大小。太大会冲刷基质，甚至冲走种子；太小则浇水太慢，效率太低。对于极小粒种子，如矮牵牛等种子，由于不需要覆料，不能从上面喷水，要从下面浸透。

⑤发芽　播种后，穴盘要移入温室或发芽室进行催芽。温室要适当遮阴，并使室内保持高温高湿状态，一般温度控制在25℃左右，相对湿度在95%以上。若在发芽室发芽，其条件可以根据不同品种进行调节。但是需要注意不同花卉种类其种子发芽时间不同，而发芽室内通常光照很低，因此当胚根开始长出后，每半天就需要检查一次，当有50%种苗的胚芽顶出基质时，就需要移出发芽室，以免徒长。催芽时间3～5d，不同的品种略有不同。

（3）生长管理：无论是在温室还是在发芽室，只要满足适宜的环境条件种子就能顺利萌发。在温室内发芽的种苗，由于适应了温室的条件，在生长阶段的管理相对简单。而发芽室内发芽的种子，其发芽环境和生长环境有明显差异，因此对温室环境因子的变化

敏感，管理要求也较严格。刚从发芽室移出的小苗，要控制其温湿度，同时还要注意光照不能过强，尤其夏季，需要遮阴。等到子叶展开后要让基质慢慢变干，以使根系获得更多氧气，减少猝倒病的发生。之后便进入日常管理，主要内容包括浇水、施肥、病虫害防治及株型控制4个方面。

①水分管理　在种苗生产过程中最重要的工作是水分管理。浇水不当会严重影响穴盘苗的生产。避免穴盘基质完全干燥；反之，基质中水分也不能过于饱和，会造成根系缺氧腐烂。应该通过水分管理保持穴孔内基质适度水分含量。

穴盘育苗中水分管理要根据环境变化和植株长势控制，可以在浇水前挖出部分基质，观察下半部分是否有一定的湿度；也可抬起穴盘看底部的基质是否变干，以此决定是否补充水分。如果遇到天气由晴转阴、转冷，或者温室内湿度特别高，水分蒸发较慢，蒸腾作用低，穴盘不易变干；或者穴孔下半部仍旧比较湿润；或是第二天需要对幼苗施肥等情况，水只浇到穴孔一半比较合适。

育苗浇水的pH值范围应在5.0～6.5，因为绝大多数营养元素和农药在此范围下是有效的，超出这个范围的有效性便会大大降低。EC值要小于1.0mS/cm，EC值过高会降低萌发率，损伤根和根毛以及灼伤叶片。

②肥料和养分　由于穴盘容器小，淋洗快，基质的pH值变化快，盐分容易累积而损伤幼苗的根系。所以要选择品质优良而且稳定的水溶性肥料作为生长期的养分补充。选择肥料要重点考虑两个因素：一是需求量最大的氮肥的种类，因为不同类型的氮素对植物生长有不同的影响，交替使用各种氮素类型(硝态氮、铵态氮和尿素)的肥料或混合使用效果更好。二是要根据地域环境状况和气候的不同选择不同的肥料配方。如北方硬水区由于水中钙镁离子偏多，碱度偏高，影响磷肥的有效性，所以要适当加大磷肥和其他微量元素的使用量，并适当选择生理酸性肥；南方软水区水的碱度偏低，需要加大钙镁肥的使用，并减少磷肥的用量，适当选择生理碱性肥。

③病虫害防治　穴盘育苗的时间较短，所以很少受到病虫害的威胁，但是由于生长过于密集，而且数量众多，如果对环境控制不力或管理不当，会产生病虫害。因此，病虫害防治的主要方法在于：首先保证温室环境、穴盘及所使用基质经充分消毒；其次要使用排水良好的基质，浇水在早晨进行，同时不要让植物过度拥挤，从而创造良好的通风条件来降低叶片和空气湿度；第三，还要保持苗床和地面的清洁，及时清除植物残渣，控制杂草和青苔的发生。若要使用化学药剂防治病虫害，为避免幼苗产生药害，应在基质湿润和植物无水分胁迫的情况下喷施或浇灌。初次使用化学药剂时先做小面积试验，确认无药害等不良反应时方可大面积使用。

④种苗矮化处理　对于育苗者来说，整齐矮壮的穴盘苗是共同追求的目标，可以在育苗中期人工移苗一次，解决整齐一致的问题。在生产实践中也可以选用化学生长调节剂来调控植株的高度。此外，降低环境温度、水分或相对湿度，增加光照等方法在一定程度上也能矮化种苗。

(4)炼苗：当种苗长到4～5片真叶，准备出圃前，需要进行炼苗。炼苗是为种苗的移栽、运输做准备。经过炼苗，种苗的抵抗力增强，能更好地适应新的环境，提高移栽

的成活率。采用穴盘育苗，种苗在人工控制的适宜幼苗生长的环境生长，抵抗力弱，如果直接移栽到自然环境中，因为环境变化太大而无法适应，容易造成缓苗慢甚至无法缓苗而死亡。因此，需要在出圃前，在控制水肥、增加通风的环境中生长1～2周，从而控制其株高，防止挤苗，并提高种苗的抗性，让其慢慢适应露地的自然生长环境。

3. 优质穴盘苗的特征

①植株健壮，茎叶无黄斑、褐斑或黑色斑点，无病虫害；

②植株颜色正常，一般呈深绿色；

③同品种穴盘苗高度相差不超过10%；

④根系健康，充满整个穴盘，根部能将穴孔内的栽培基质包满；

⑤种苗茎粗壮，生长充实；

⑥一般种苗应有4～6片真叶，顶芽正常。

## 二、实习指导

### (一)目的

掌握温室盆播的操作方法，播种苗管理等，能独立完成育苗工作。

### (二)时间与地点

1. 时间

由于在温室进行，考虑经济成本并结合课程进度安排时间。建议温室盆播在早春或秋季稍晚进行。穴盘育苗可根据种苗需求灵活安排。

2. 地点

温室。

### (三)材料与用具

1. 材料

泥炭、珍珠岩、蛭石、河沙、园土等常见培养土；勋章菊、多叶羽扇豆、花毛茛、金鸡菊、旱金莲等花卉种子。

2. 用具

铁锹、花铲、播种浅盆、花盆、穴盘、牙签、碎瓦片、煤渣、喷壶、干细沙、细孔网眼筛、挂签、标牌、记号笔等。

### (四)内容与操作方法

每实习小组至少播种4种花卉。

(1)以小组为单位，随机领取4种花卉种子，先观察领取到的种子的大小、形状、颜色等，对照实物进行描述。

(2)用瓦片覆盖瓦盆盆底排水孔，用基质将盆装满后压平压实，按照此方法装好4盆

基质。将压平的4盆基质用喷头进行两次彻底的浇灌，浇灌后放置一段时间至水分完全被基质吸收，多余水分排出。

(3)将领取的种子取出，选择适宜的播种方法播种，然后用细筛筛过的土或细沙覆盖，小粒种子以看不到种子为标准，中、大粒种子覆土厚度为种子粒径的3倍。贴紧播种盆壁，插好标签做好标记，标明种、品种名称，播种日期及班级组号等信息。按顺序摆放在温室操作台上，在盆上覆盖一层薄膜，以减少水分蒸发。

(4)种子发芽情况的观察。草花种子一般3~5d开始萌动，1~2周后即萌发，观察不同花卉种子播后萌发情况，及时撤去复盖薄膜。记录每种花卉种子播下后至发芽所需的时间，并从第一粒种子发芽时进行观察和统计，每天记录种子发芽的数量，直到发芽全部结束。计算种子发芽率和发芽势。

按如下公式统计种子发芽率和发芽势：

种子发芽率(%)=发芽种子数/供试种子数×100%

种子发芽势(%)=发芽高峰期发芽的种子数/供试种子数×100%

种子发芽率和发芽势是反应种子质量优劣的主要指标之一。种子发芽率是指发芽终期在规定日期内的全部正常发芽种子数占播种种子数的百分率。种子发芽率越高，说明种子饱满，种胚发育良好，种子生活力高。种子发芽势是指在发芽过程中日发芽种子数达到最高峰时发芽的种子数占供播种种子数的百分率。在发芽率相同时，发芽势高的种子，说明种子生命力强，发芽迅速，整齐度高。

## 三、思考与作业

1. 每组完成4种花卉的盆播、4种花卉的穴盘播种，做好种子发芽前后养护管理工作。

2. 分析比较露地播种和盆播及容器育苗的区别、适用对象及优缺点。

3. 撰写实习报告，以某一种花卉为例简述温室盆播的操作过程及技术要点，并且观察记载幼苗的出苗状况。

# 实验 6 花卉种苗生长发育观察

## 一、概述

草本花卉的生长发育过程可划分为两个阶段：营养生长和生殖生长阶段。营养生长主要指种子萌发以及根、茎、叶等营养器官的出现和生长；生殖生长主要指成花、开花、结实的过程。

花卉在生长发育过程中形态会发生变化，因此不同阶段识别特征也不同。此外，虽然大多数花卉在开花期观赏价值最高，但是许多花卉在幼苗期各个阶段也有各自的观赏价值。

在草本花卉生长发育过程中，无论是植株个体还是各部分器官，生长都经历着慢—快—慢的变化历程，这种周期性的规律称为生长大周期，又称“S”生长曲线。生长曲线反映了植物生长速度快慢，是花卉栽培中水肥管理的重要依据。

## 二、实验指导

### （一）目的

通过实验掌握不同花卉营养生长和生殖生长阶段的时间和形态特点，并总结出不同花卉的观赏期；通过定期的测量和观察，学会花卉的“S”生长曲线的绘制，为后期花卉培育水肥管理打基础。

### （二）时间

4 月中旬至翌年 9 月下旬。

### （三）材料与用具

1. 实验材料

露地播种种苗：千日红、万寿菊、百日草、向日葵、鸡冠花等一年生花卉。

2. 实验用具

钢卷尺、游标卡尺、记号笔、铅笔、笔记本。

**(四)内容与操作方法**

1. 花卉生长过程观察

从播种开始，定期观察花卉的生长变化过程，填写如下表格。

| 种　名 | 播种日期 | 第一片真叶出现的日期 | 第一个花蕾出现的日期 | 最后一朵花凋谢的日期 | 种子成熟的日期 | 营养生长阶段持续时间 | 生殖生长阶段持续时间 | 80%植株盛开持续时间(观赏期) |
|---|---|---|---|---|---|---|---|---|
| 千日红 | | | | | | | | |
| 万寿菊 | | | | | | | | |
| 百日草 | | | | | | | | |
| 向日葵 | | | | | | | | |
| 鸡冠花 | | | | | | | | |
| … | | | | | | | | |

2. 花卉生长“S”曲线的绘制

至少在营养生长的15个时间点，分别从不同植株随机选取20个叶片，测量叶片的长、短轴长度，完成如下表格(示例表格，可根据具体情况变动)，并绘制叶片(器官)的生长曲线。

| 种　名 | 观察对象和指标 | | 时　间 | | | | | |
|---|---|---|---|---|---|---|---|---|
| | 器官 | 指标 | D1 | D2 | D3 | D4 | D5 | … |
| 紫茉莉 | 播种20d后顶部出现的新叶 | 长轴 | | | | | | |
| | | 短轴 | | | | | | |

在长出第一片真叶后，选取20株健康植株观察、测量其株高，每隔2d测量一次，当种子成熟时结束统计，完成如下表格(示例表格，可根据具体情况变动)，并绘制株高(个体)的生长曲线。

| 种　名 | T0 | T3 | T6 | T9 | T12 | T15 | T18 | … |
|---|---|---|---|---|---|---|---|---|
| 千日红 | | | | | | | | |
| 万寿菊 | | | | | | | | |
| 百日草 | | | | | | | | |
| 向日葵 | | | | | | | | |
| 鸡冠花 | | | | | | | | |
| … | | | | | | | | |

## 三、思考与作业

1. 完成上述3个表格。
2. 绘制不同花卉叶片和株高的生长曲线。

# 实习7

# 抢阳阳畦建造与使用管理

## 一、概述

阳畦属于简易的园艺设施，多就地取材，需要用时临时设置，不用就拆除。其构造简单，建造容易，增温效果明显，在花卉栽培中有着悠久的应用历史，目前仍在许多地区使用。近年来阳畦使用的材料发生了重大的改变，畦面由原来的没有覆盖物、用玻璃覆盖，发展到现在广泛采用塑料膜覆盖；阳畦的风障除了利用传统的席子、草帘、茅草，现也常用塑料膜、防寒无纺布等。

### (一)阳畦的作用

阳畦的主要作用有：

(1)提前播种、提早花期：春季露地播种需在晚霜之后进行，而利用阳畦可在晚霜前1个月播种，以提早花期。主要用于春播花卉的播种。

(2)二年生花卉的保护越冬：在我国北方，一些冬季露地不能越冬的二年生花卉，如三色堇、金盏菊、紫罗兰等，可以在阳畦中秋播，越过冬季。在北方也常在露地秋播，将分苗后的幼苗在早霜到来前移入阳畦中保护越冬。

(3)炼苗：温室培育成的植株，在移植露地前，先移于阳畦中，给予锻炼(硬化处理)，使它逐渐适应露地气候条件，而后栽于露地。

(4)耐寒花卉的促成栽培：对一些耐寒性较好的花卉，可秋季在露地播种、栽植，冬季移在阳畦中使之在冬春开花，球根花卉如水仙、百合、风信子、郁金香等通常在冬季利用阳畦进行促成栽培。

在华北地区阳畦主要用于早春花卉播种及秋播花卉的越冬保护。

### (二)阳畦的基本结构

阳畦一般由风障、畦框、透明覆盖物(玻璃、塑料薄膜)及保温覆盖物(草苫、蒲席)等组成(图7-1)。

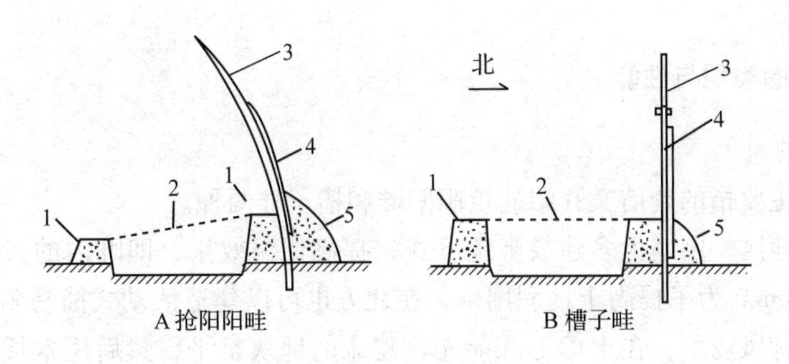


**图7-1　阳畦的构造**

1. 畦框　2. 透明覆盖物　3. 篱笆　4. 披风　5. 土背

1. 风障

风障是利用各种高秆植物的茎秆栽成篱笆形式，在迎风面（通常在畦的北面）形成一排东西延长的挡风屏障。风障的主要作用是减弱近地面风速，从而减少阳畦与空气的热交换，减少热量损失，起到增加储热的作用。同时它还能向畦面反射一部分阳光。

阳畦的风障由篱笆、披风和土背三部分组成。抢阳阳畦的风障与地面的夹角约70°，向南倾斜，春季竖直；土背比阳畦基梗高大，为底宽50cm、顶宽20cm、高40cm的土梗。土背高出阳畦北框顶部10cm，它的主要作用是固定风障、披风草和提高阳畦的防寒保温性能。

2. 畦框

用土或砖砌成，上窄下宽呈梯形。北方有些地区，畦框有用砖砌成永久式的；也有用木板做成简易的临时畦框，使用后就拆掉；常用的阳畦畦框多由垒土夯实而成。畦框分为南北两框及东西两侧框，其尺寸规格根据阳畦的类型不同而有所区别。

抢阳阳畦四框作成后向南成坡面，北框比南框高，东西两侧的侧框也是北高南低，太阳高度角低的季节更利于接受阳光，故名抢阳阳畦（图7-1A）。这种阳畦多用于北方，一般北框高35～60 cm，底宽30cm左右，顶宽15～20cm；南框高20～40cm，底宽30～40cm，顶宽30cm左右；东西侧框与南北框相接，厚度与南框相同；畦面下宽1.6m，上宽1.8m，畦长6m，或者是它的倍数，作成连畦。

槽子畦南北两框接近等高，框高而厚，四框做成后近似槽形，故名槽子畦（图7-1B）。槽子畦多用于太阳高度角较高的季节或纬度较低的地区。北框高40～60cm，宽35～40cm；南框高40～55cm，宽30～35cm，东西两侧框宽30cm左右。畦面宽1.6m，畦长6～7m，或做成加倍长度的联畦。

3. 覆盖物

阳畦畦面上先盖上一层透明覆盖物，使阳畦白天可接受日光照射，提高畦内温度，并起保温作用，减少热量散失。透明覆盖物主要有玻璃窗和塑料薄膜。玻璃窗的长度与畦的宽度相等，窗宽60～100cm，框多为木制，做法与房屋的窗扇相同。或用木条做支架覆盖散玻璃片。现在生产中多采用竹竿在畦面上做支架，而后覆盖塑料薄膜，又称薄膜阳畦。

保温覆盖物多采用蒲席、草苫等，厚约5cm，宽度有不同的规格，一般1～2m，长度可以根据需要而定。现在也有的用棉被，泡沫塑料覆盖。

### (三)阳畦的类型与性能

1. 普通阳畦

普通阳畦主要指的是前文介绍的抢阳阳畦和槽子畦两种。

在寒冷的地区，阳畦大多建成半地下式来提高保温效果，即畦内的栽培地面比畦外的地面低约30cm。为了提高土地利用率，在北方也可以建造活动式简易阳畦。选择庭院或风障完备的背风场所，在土壤上冻前先将建床的地块整平，然后用木板钉一个长宽与畦面相同，高约20cm的床框，放置在整平的地方，然后从框内挖出15～20cm深的土，放在床框四周，将床框固定。为防止床框受土挤压变形，每隔2m用一根木棍支撑住床框内侧的两边。这样的阳畦建造容易，使用后拆除，将地面稍加平整又可做露地栽培。

阳畦除具有风障的效应外，由于增加了土框和覆盖物，可以使阳畦在白天吸收更多的太阳辐射，更有效地提高畦内温度，土框和保温覆盖物又可以使夜间减少放热，因此增温和保温效果大大增强。冬季晴天，有玻璃覆盖的抢阳阳畦内，旬平均温度要比露地高13～15.5℃，夜间最低温度为2～3℃。

由于阳畦内的热量主要来源于太阳，同时畦内空间小，因而受季节和天气的影响很大，晴天畦内温度较高，阴雪天畦内温度较低。此外，阳畦内温度也与其保温能力的高低及外部防寒覆盖状况有关。一般保温性能较好的阳畦，其内外温差可达13.0～15.5℃，但保温较差的阳畦，冬季最低气温在－4℃以下，而春季温暖季节白天最高气温又可达30℃以上，因此，利用阳畦进行生产既要注意防止霜冻，又要防止高温危害。在昼夜温湿度变化方面，阳畦白天以太阳光为热源，提高畦内气温，并在土壤中储热。夜间以土壤为热源，以长波辐射形式向空间散热，畦内昼夜温差可达10～20℃。随着温度变化，阳畦内的空气湿度变化也很大。一般白天最低空气相对湿度为30%～40%，夜间畦内湿度可达80%～100%，畦内空气相对湿度差异可达40%～60%。此外，阳畦内温度分布不均匀。由于阳畦内各部位接受太阳辐射不匀，存在局部温差。通常由于南框遮阴，东西侧框早晚遮阴，因此，畦内南半部和东西部温度较低。北半部由于无遮阴，且有北框反射光热叠加，形成畦内北半部温度较高。由于阳畦内的温度分布不均衡，常造成植物生长不整齐。也可以利用阳畦的局部温差，将耐寒性不同的植物安排放置在畦内不同位置。

2. 改良阳畦

改良阳畦是在普通阳畦的基础上，将北侧畦框增高，改为土墙，将玻璃窗斜立增加采光面的角度，成为屋面，增加了棚顶及柁、檩、柱等棚架，因而加大了花卉的生长空间，提高了防寒保温的效果。

改良阳畦具有日光温室的基本结构，其采光和保温性能明显优于阳畦，但又不及日光温室，与普通阳畦相比主要有以下特点：①冬春季改良阳畦的地温和气温均高于阳畦，旬平均温度较抢阳阳畦高4～7℃。②改良阳畦昼夜温差较阳畦小。阴天时畦温变化也较小，仍可保持较高温度。③改良阳畦内不同空间的温差较阳畦小，植物生长层空间温度变化比较稳定。一般水平方向白天南部温度较高，夜间北半部温度较高，相差1～3℃；

垂直方向下层温度比上层低2～4℃。④改良阳畦采光角度加大，阳光入射率增加，畦内的光照强度较普通阳畦明显提高。⑤内部空间大，日常可以进入畦内管理，操作方便，应用时间较长，应用范围也比较广。

**(四)阳畦建造**

1. 场地位置选择

选择地势高燥、背风向阳、土壤质地好、水源充足的地方，并且要求周围无高大建筑物等遮阴。

2. 建造时间

每年秋末开始施工，最晚土壤封冻以前完工，翌年春夏季拆除。北京地区一般在11月上旬，地面农事基本完工后开始施工，到翌年5月拆除。如果用地允许，也可建造成固定式，多年使用。

3. 田间布局

阳畦的方位以东西向延长为好。阳畦数量少、面积小时，可以建在温室南面，这样既有利于防风，也便于与温室配合使用；庭院建造阳畦可利用正房南窗外空地。若面积较大，数量较多时，必须做好田间规划。通常阳畦群自北向南成行排列，前排的阳畦风障与后排的阳畦风障间隔6～7m，畦前留空地1m左右作为冬季晾晒草苫的用地。阳畦群的四周要夹设好围障，以减少风的影响。

4. 建造程序

阳畦的建造程序是先打畦框、扎风障，再搭竹竿、覆薄膜，最后覆盖草苫等保温材料。

打畦框时，先沿放好的内框线向下挖畦，将铲出的土堆叠在四边上，将堆叠的土按照阳畦的规格进行层层夯实制作畦框。完成阳畦大体轮廓后，对细节形状进行修整。用铁锹铲平、拍平、修补底部以及帮里、帮外不平整的地方，使阳畦结构牢固，形状整齐美观。

可用玉米、高粱秸秆，芦苇或竹竿加稻草等建设风障。在设置风障的阳畦北框外，挖一道深25～30cm、宽30cm的沟，挖出的土放在北面。然后将编好的玉米、高粱秸秆或芦苇等建风障的材料与畦面呈约70°的角，放入沟内埋好，并将挖出的土培在风障北面的基部，作为护土。同时应事先在风障两端和中间埋入数根木杆，以增加风障的稳定性。如果在风障的北部加一层草苫，再覆盖一层高于北畦框10cm的保护土，在风障离地面合适的高度，用竹竿或数根玉米秆将风障两面夹好，绑紧，形成一道腰栏，使风障成为一个整体，则更能增加风障的防风性能和牢固性。如果用风障专用网纱或防寒无纺布则更加快速和方便，也可以大大减轻劳动的强度。

阳畦上的覆盖物主要是塑料薄膜和草苫。覆盖塑料薄膜时，先在阳畦南、北两畦框上顺向放上竹竿或木杆作支架，竹竿埋在墙上稍加固定，将薄膜展平盖在竹竿上，北畦框上塑料薄膜的边可先用泥压好固定，其他三边用砖压好。薄膜上边最好再放上数根木杆，压住薄膜，以防大风揭膜。

阳畦到了下午阳光不足的时候，即要开始盖保温覆盖物。多数地区用草苫。草苫的选择应根据畦面的宽度和长度来定，一般来说，草苫的长度要比畦面的长度长出1m左右，南北应各宽出畦面25cm。盖草苫时应从下风头一侧先盖，依次盖向上风头一侧，后盖的把先盖的压住一部分，这样能防止风将草苫掀起。次日当外界环境温度适宜时，将草苫卷起来，有次序地摆放在阳畦间的空地。白天揭开草苫后，要清扫薄膜表面，保持薄膜清洁透光，使阳畦内部接收更多的太阳光。阴天也要揭苫或短时揭苫，雨雪过后及时清扫畦面积雪。大风天可只揭北半部草苫，夜晚盖苫后，应用砖块、木棍等压紧以防草苫被风卷起。

## 二、实习指导

### (一)目的

1. 了解二年生花卉越冬保护方法。
2. 了解阳畦的保温原理，可以创造性开发花卉越冬保护设施。
3. 掌握阳畦建造场所的要求，抢阳阳畦的规格与具体建造过程。
4. 能正确、熟练地揭、盖草苫、蒲席或其他防寒覆盖物。

### (二)时间与地点

1. 时间

秋末至土壤封冻以前，根据课程进度安排。

2. 地点

有一定面积，地下水位低、壤土或黏性壤土适宜建造阳畦。

### (三)材料及工具

铁锹、耙、皮尺，塑料袋若干等。

### (四)内容与操作方法

以小组为单位完成一个抢阳阳畦畦框的建造。其规格可以根据覆盖物的宽度、需要使用阳畦的面积以及生产的花卉种类适当调整。北方常用的抢阳阳畦规格为：外畦框东西长6m，南北宽1.8m；内畦框顶部东西长5.5m，南北宽1.15m，底部东西长5.5m，南北宽1m；北畦框高40cm，顶宽20cm，底宽40cm；南畦框高25cm，顶宽25cm，底宽40cm；东西两畦框与南北两框相连接，也是南低北高，顶宽25cm，底宽40cm；畦深40cm，其断面规格如图7-2所示。

(1)在阳畦选定的位置，于制作前3~5d充分灌水。

(2)按照规格先放出外框线，在距离南北外框20cm，东西框40cm处，拉出内框边长平行线。

(3)沿放好的内框线向下挖畦，其中，东、西、北三边沿平行线边垂直下挖，南边沿

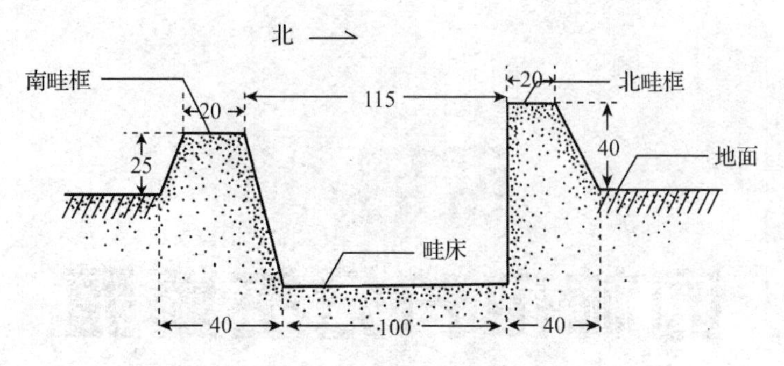


图7-2　抢阳阳畦剖面示意图(单位：cm)

内侧向北一定角度倾斜下挖至规定深度，在中间铲土，将铲出的土堆叠在四边外框线与内框线之间，层层压实，制成畦帮。

(4)将畦帮从顶部、侧面进一步夯实，在夯实过程中应随时检查各帮是否平直，宽度、坡度是否符合要求。

(5)完成阳畦畦框的大体轮廓后，用铁锹铲平、拍平、修补底部以及帮里、帮外不平整的地方，使阳畦畦帮平滑，结构牢固，外形整齐美观，修正定型完成的阳畦畦框如图7-3所示。

图7-3　修整定型的阳畦畦框

## 三、作业与思考

1. 简述阳畦的保温原理及使用特点。
2. 列举草花越冬保护的几种方案并分析比较不同方法的适用花卉和特点。

# 实习8 园林花卉分生繁殖

## 一、概述

分生繁殖是多年生花卉的主要繁殖方法。其特点是简便、容易成活、成苗快、新植株能够保持母株的遗传性状，但繁殖系数低于播种繁殖。分生繁殖可分为以下几类。

### （一）分株

分株是指将母株掘起分成数丛，每丛都带有根、茎、叶、芽，另行栽植，培育成独立生活的新植株的方法（图8-1）。宿根花卉常用此方法繁殖。一般早春开花的种类在秋季生长停止后进行分株；夏秋开花的种类在早春萌动前进行分株。

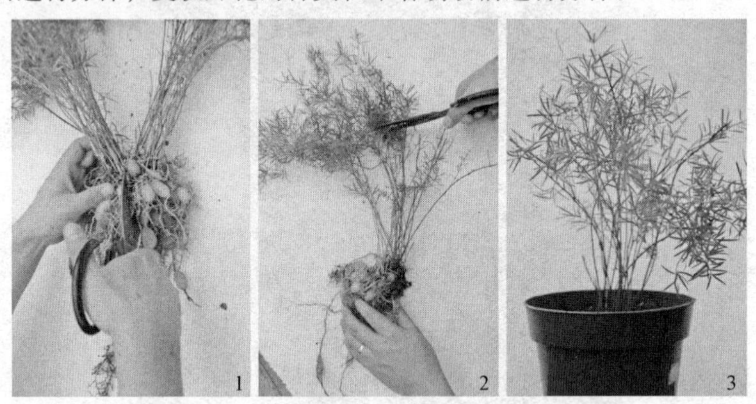

**图8-1 分株繁殖**

1. 母株分离 2. 修剪整理分株苗 3. 分株苗重新栽植

### （二）分球

球根花卉地下形态变化很大，有的为变态根，有的为变态茎。一些球根花卉其母株能分裂出新球，或长出新球及多个小球，如唐菖蒲等（图8-2），将其分离，重新种植即可长成新株。分球时间在春季或秋季，因种而异。

（1）自然分球：利用球根自然分生能力，分离栽种新的球体，大球可当年开花，小球一般需要培养2～3年才开花。如水仙鳞茎（图8-3）。

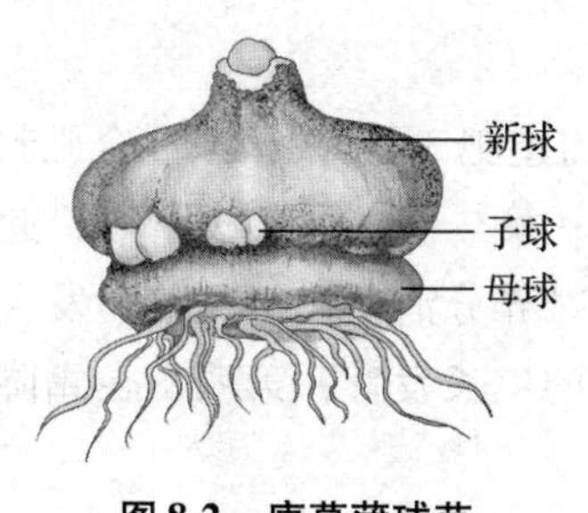


图8-2　唐菖蒲球茎

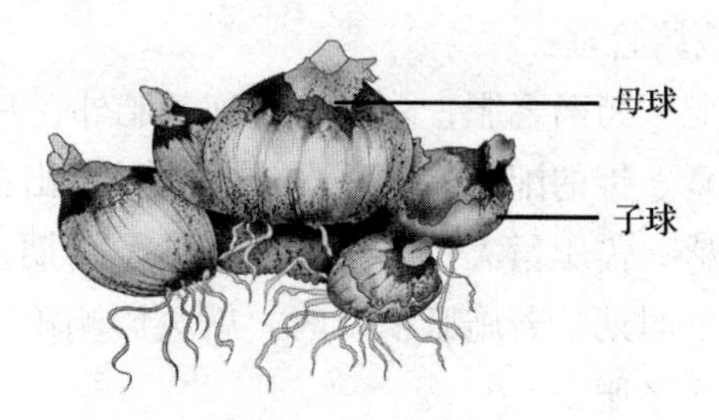


图8-3　水仙鳞茎

(2)人工分球：有些花卉自然分球率低可以切割母球，每部分带一定数量的芽，然后重新种植。

分生繁殖还包括分根蘖、分吸芽、分珠芽、分走茎等方法。

## 二、实习指导

### (一)目的

通过芍药的分株繁殖和美人蕉的分球繁殖，掌握园林花卉分生繁殖的一般方法，掌握芍药分株和美人蕉分球繁殖技术、栽培技术。

### (二)时间

芍药分株：秋季。

美人蕉分球：春季。

### (三)材料与用具

1. 实习材料

分株：5年以上苗龄的芍药植株。

分球：3年以上苗龄的美人蕉植株。

2. 实习用具

铁铲、砍刀、枝剪、竹竿、铁丝等。

### (四)内容与操作方法

1. 芍药分株

(1)分株：

①先将地上茎叶从靠近地面处剪去，然后将母株全部根掘出，振落附土，晾1d。

②顺着芍药根系的自然分离处用利刀将根分开，每丛带有3～5个膨大的根和3～5个饱满芽。根部切口处涂以硫黄粉或草木灰，以防病菌侵入，可在阴处晾1～2d，使根变软，即可分别栽植。

③露地栽植的芍药，按照株距50cm，行距70cm的定植距离挖坑，按照原来种植深度种植，覆土后适度压实植株周边土壤，浇透水。

(2)栽培管理:

①施肥　芍药喜肥，除栽植时施基肥外，每年需追肥3~4次，以混合肥料为好，应注意氮、磷、钾的配合。第一次施肥在早春出芽前；第二次在展叶现蕾后，此时花蕾生长发育旺盛，需肥量大；第三次在花后孕芽期，此时养分消耗大，是整个发育过程中需肥最迫切的时期，若施肥不及时，就会影响第二年的生长发育；第四次在霜降后，结合封土施一次冬肥。

②浇水　芍药不耐涝，但过于干旱也会抑制生长发育，喜土壤适度湿润。一般早春出芽前后结合施肥浇一次透水，在11月中下旬浇一次越冬水，其他时间可在施肥的同时浇水，并注意气候干燥时及时浇水，雨水多时及时排水，保持土壤干湿相宜。

③摘侧蕾　芍药除顶端着生花蕾外，近顶端叶腋处常有3~4个侧蕾，为使顶蕾花大色艳，可以在花蕾显现后摘掉侧蕾，使养分集中于顶蕾。为避免顶蕾受损后无花可赏，在摘侧蕾时，可先预留一个侧蕾，待顶蕾已确定开花时，再把此侧蕾摘去。有些品种花茎软，开花时花头下垂，易倒伏，降低观赏价值，可在花蕾显色时设立柱。支柱有两种形式：一是圈套式，将松散的植株用圈围起来，圈的大小要适当，围起来后使花茎相互依附而挺立，制作圈的材料很多，可用塑料绳、8号铁丝、竹篾等，最好把做成的圈刷上绿漆，使之和芍药植株浑然一体，增加观赏效果；二是单杆式，对于大花品种，为防止花头折断，把刷过绿漆的小竹竿紧贴花茎，插入土内，用绿绳分三道呈“∞”字形绑扎，竹竿不能太高，一般在花头下部比较合适。

④花后管理　有些品种开花后能够结实，应将果实剪去，以减少养分的消耗，使根颈部的混合芽更加饱满，为翌年开花打好基础。霜降后，地上部分枯萎，应剪去茎秆，并扫除枯叶，集中烧毁，同时施冬肥并封土。

2. 美人蕉分球

(1)根茎的贮藏：在土壤封冻地区，根茎的贮藏是大花美人蕉生产的关键。

(2)根茎的切割：春季4月上、中旬，取出前一年贮存的美人蕉根茎(霜降前后美人蕉茎叶凋萎后，剪掉地上茎叶，掘起根茎，在其伤口处涂抹草木灰消毒。晾2~3d除去表面水分，平铺在室内，覆盖湿河沙或细泥后贮藏。室温保持在5~8℃，若环境潮湿，贮藏期间可不喷水)，修剪掉腐烂部分。切成若干段，每段至少有2~3个芽，切口要平滑，切后需涂草木灰或炭粉。

(3)整地栽植：土壤要求深厚、肥沃。移栽前对栽植地土壤深翻，植穴宜稍大一些。穴距80cm，穴深20cm左右，穴底应施足基肥，基肥以腐熟的堆肥为主，加入适量豆饼和过磷酸钙为好，基肥上应覆土。然后将处理好的根茎段放入穴中，覆土10cm左右，芽尖露出地面。

(4)苗期管理：移栽后浇一遍透水，发芽后随植株逐步增高而增加浇水量，保持土壤湿润。生长期间及开花前每隔20d左右施1次液肥，追肥应以磷肥为主。同时应及时松土，保持土壤疏松，以利于根系发育。如果在预定开花期前20~30d还未抽生出花莛，可叶面喷施1次0.2%磷酸二氢钾水溶液催花。每次花谢后都要及时剪除残花莛，并施液肥，为下次开花储蓄养分。

## 三、思考与作业

1. 观察记录芍药的生长发育过程，完成实习报告，应包括芍药繁殖技术要点、芍药物候期和栽培技术要点。

2. 每位学生最少培育 3 株芍药，5 月举行芍药花节，并评比打分。

3. 每位学生最少培育 3 株美人蕉，进行评比打分。

# 实习9
# 园林花卉扦插繁殖

## 一、概述

扦插是无性繁殖方式之一，是利用植物营养器官(根、茎、叶)的再生能力或分生机能，将其从母体上切取，在适宜的条件下，促使其发生不定芽和不定根，发育成新植株的繁殖方法。通常将用于扦插的一部分营养体称为插条或插穗，用于采取插条的植株称为母株。

扦插繁殖是园林植物常用的繁殖方法。它的优点是繁殖材料充足，繁殖系数大，扦插培养的植株比实生苗生长快，开花时间早；能保持原有品种的原有特性，获得与母株遗传性状一致的种苗。既适于大规模生产，也适于少量繁殖。缺点是扦插苗无主根，根系较实生苗弱，寿命较播种苗短，抗性不如嫁接苗。对不易产生种子的花卉，多采用这种繁殖方式。它也是多年生花卉的主要繁殖方式之一。

### (一)扦插再生机理

因为细胞具有全能性，即每个细胞都具有遗传物质，它们在适宜的环境条件下都有潜在的发育成完整植株的能力。此外，植物体具有再生功能，即植物的某一部分受伤或被切除，使植物整体受到破坏，植物能表现出修复损伤和恢复协调的功能。

虽然植物体的每一个细胞都具有发育成完整植株的能力，但不同分化程度的细胞具有不同的潜在分化能力。已经高度特化的组织和细胞脱分化和再分化较为困难。而形成层细胞、髓部薄壁细胞等恢复分裂的能力较强，再分化的潜能较高。插穗内源激素状况是影响扦插成活的另一个重要内因。例如，利用茎段进行扦插时，一般需带2~3个饱满芽。芽是插穗生根过程中内源生长素的提供者，而生长素促进植物根的形成和生长。

### (二)扦插方法

园林花卉的扦插以扦插材料、插穗成熟度将扦插分为叶插(全叶插和片叶插)、茎插(单芽插、软材扦插、半软材扦插)和根插。

1. 叶插

叶插适用于能自叶上发生不定根及不定芽的种类。凡能进行叶插的花卉，大多具有粗壮的叶柄、叶脉或肥厚叶片。

全叶插以完整叶片为插穗，其扦插方式包括平置法和直插法。平置法需切去叶柄，将叶片平铺在沙面上，以铁针或竹针固定于沙面上，叶下表面紧接沙面(图9-1)。直插法又称叶柄插法。将叶柄插入沙中，叶片立于沙面上，叶柄基部发生不定芽和不定根(图9-2)。

片叶插是将一个叶片分切为数块，分别扦插，使每块叶片形成不定芽和不定根(图9-3)。

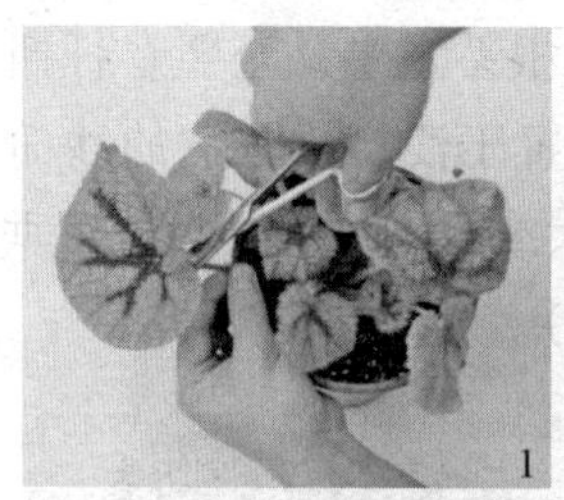

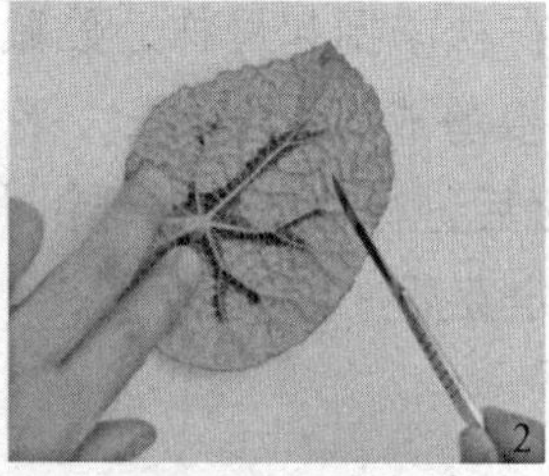

图9-1　平置法

1. 切取叶片　2. 刻伤叶片　3. 固定叶片

图9-2　直插法

1. 切取叶片　2. 扦插叶片

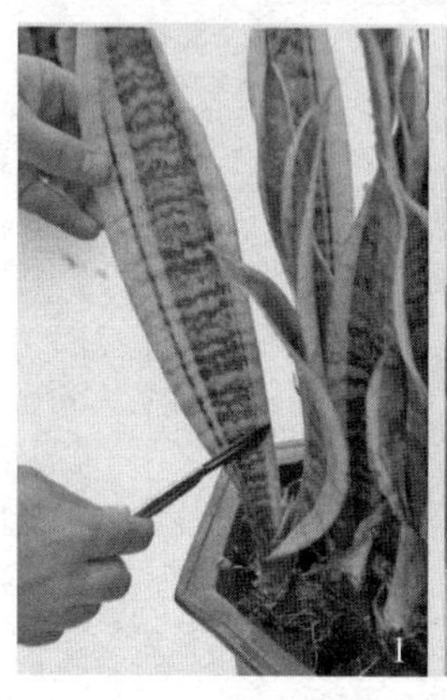

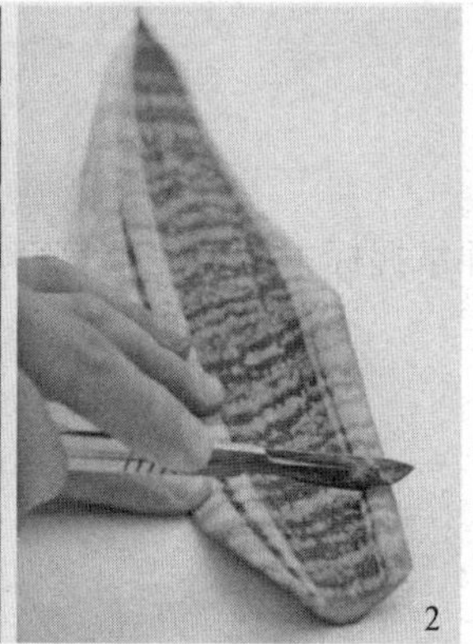

图9-3　片叶插

1. 切取叶片　2. 分割叶片　3. 扦插叶片

2. 茎插

可以在露地进行，也可在室内进行。露地扦插可以利用露地插床进行大量繁殖，依季节及种类的不同，可以覆盖塑料棚保温或荫棚遮光或喷雾，以利成活。少量繁殖时或寒冷季节也可在室内进行扣瓶扦插、大盆密插及暗瓶水插等。需要依据花卉的种类、繁殖数量及季节的不同选用不同的扦插方法。单芽插主要用于温室花木类；软材扦插常用于宿根花卉；半软材扦插常用于温室木本植物。

3. 根插

有些宿根花卉能从根上产生不定芽形成幼株，可采用根插繁殖。根插繁殖的花卉大多具有粗壮的根，粗度不应小于2cm。同种花卉，根较粗长者含营养物质多，较易成活。晚秋或早春均可进行根插，也可在秋季掘起母株，贮藏根系过冬，至翌春扦插。冬季也可在温室或温床内进行扦插。将根剪成3～5cm长，平置于浅箱、花盆的沙面上，覆土1cm，保持湿润，待产生不定芽之后进行移植。根部粗大或带肉质的种类，可垂直插入土中，上端稍露出土面，待生出不定芽后进行移植(图9-4)。

**图9-4　根　插**

1. 取根　2. 插条　3. 扦插

## 二、实习指导

### (一)目的

掌握扦插繁殖的基本技术，并掌握标本菊的完整培育程序。

### (二)时间

11月下旬至翌年11月。

### (三)材料与用具

1. 实习材料

标本菊母株。

2. 实习用具

铁铲、解剖刀、花盆、枝剪、竹竿、铁丝等。

**(四)内容与操作方法**

1. 品种选择

选用花径15cm以上的大花型品种，如‘金狮头’、‘绿牡丹’、‘绿云’、‘百金莲’、‘金冕’、‘黑麒麟’等，即株形紧凑矮壮、茎粗节密、叶片肥大、生育期短、花梗较短、花型丰满、对矮化剂敏感的品种。

2. 培养土配制

盆栽标本菊因为花盆小、培育期短，所以对培养土的要求相对较高。要求培养土疏松，排水、保水性能好；土壤肥沃，有机质含量高；无病虫害。园土应先消毒再使用，以减少病菌的侵染。培养土中使用的圈肥必先腐熟，并无病虫害。常用培养土配比如下：

(1)园土∶圈肥∶锯末∶泥炭∶珍珠岩=4∶1∶5∶3∶5。

(2)园土∶腐叶土∶圈肥∶草木灰=5∶2∶2∶1。

3. 种植管理

(1)冬插(冬存)：秋末冬初，应选择自根茎发生、远离母株、丰满抱头、节间均匀的第一代脚芽进行扦插。芽长要求出土2~3cm，全长约5cm，不带须根。分品种插入素沙或砂壤土中，扦插深度以保持插芽原出土位置为宜，最多不超过芽长的1/2，扦插后浇水。初期温度保持10℃左右，经过1个月左右菊芽根系形成。置于0~10℃的冷室或阳畦内越冬，给予足够阳光，适时通风，土壤保持稍湿润即可，以防徒长。

(2)春种：翌年3~4月，将株高10~20cm或更高的芽苗移至室外避风向阳处。在阳畦内扦插的苗不再覆盖，1周后即可分栽。将冬插的脚芽分栽在装有普通培养土的盆内，盆口直径以10~15cm为宜，分苗时须带护心土。若根系过长，可进行短截，保留5~6cm为宜，以利新根萌发。阳畦苗上盆，须带直径4~5cm的土坨。应适时浇水并注意松土，通常无需追肥。

(3)夏定：根据不同品种特性和母本生长状况，自5月中旬至6月上旬分期摘心。矮型品种和晚花期品种应在5月下旬摘心；长势适中的中型品种和中花期品种应在6月初摘心；高型品种和早花期品种，可于6月上旬末摘心。摘心时必须保留一段健壮新嫩的茎秆和十几片嫩叶，同时去除其基部老叶，并随时把母株发生的腋芽自上而下全部抹掉。7月中旬，待盆土内萌发出几个脚芽时，选留盆边生出的1~3个顶芽饱满、长势健壮的脚芽苗，定植在内径20cm的标本菊筒盆内。避免柳芽头和封顶现象的发生。

(4)秋养：翌年8月中旬，新株和母株根系生长旺盛，促使新株长势健壮，此时可齐土面把母株剪掉。松土后，填入三成土。新株高30cm左右，及时用细竹绑扎，防止茎部弯曲倒伏。为保证顶端主蕾营养集中，应适时去除侧蕾。顶部节间伸开、侧蕾2mm左右是去除侧蕾的最佳时机。拨蕾不可用拇指和食指合掐，而应用左手扶住植株上部，右手食指从侧方轻轻一拨，侧蕾即脱落而不致损伤嫩叶。

## 三、思考与作业

1. 观察标本菊的生长发育过程，撰写实习报告，包括标本菊扦插繁殖技术要点和栽培技术要点。

2. 每位学生培育 3 盆标本菊，11 月在校园进行菊花展，并评比打分。

# 实习10 园林水生花卉种植
## ——盆栽荷花的播种和培育

### 一、概述

园林水生花卉是生长于水体中、沼泽地、湿地上，观赏价值较高的草本植物，包括一年生花卉、宿根花卉、球根花卉。水生花卉是水体周围及水中植物造景的重要花卉，是水生植物园的主要材料。

水生花卉依种类不同，主要繁殖方法有播种、分株和分球。

水生花卉的播种与一般露地花卉播种不同之处主要有以下几点：

(1)水生花卉一般选用黏质壤土作为播种用土。常用富含腐殖质的池塘土配一般栽培壤土，以适宜水生花卉种子的萌发和生长。

(2)播种后土面要灌水2~3cm，之后随幼苗生长逐渐提高水位。

园林花卉种类繁多，在我国最为著名的当属荷花。下面以荷花的盆栽为例，说明水生花卉的种植。

荷花起源于我国，已有3000多年的栽培历史，并形成了深厚的荷花文化。荷花碧叶如盖，花朵娇美高洁，是园林水景中造景的主题材料。可以在大片水面上片植、小水面丛植，或是盆栽或缸栽布置庭院。此外，还可以作荷花专类园。

#### (一)荷花的果实

荷花的果实俗称莲子，由子房发育而成，属聚合坚果，每个小坚果嵌生在海绵质的倒圆锥形的花托腔内。成熟莲子卵形或椭圆形，长1.2~1.8cm。莲子的发育，根据其果皮颜色的变化，可分为黄子时期、青绿子时期、紫褐子时期和黑褐子时期(图10-1)。

莲子果皮革质，坚硬，由子房壁发育而成。成熟莲子的果皮由表皮层、栅栏组织、厚壁组织、薄壁组织和内表皮构成(图10-2)。其中表皮层上有乳突、气孔、分泌器及多种分泌物组成的覆盖层；气孔内有漏斗形气室，气室内充满分泌物。这种结构使水分和空气不易透入，能长期保持发芽能力。

图 10-1　荷花的果实

（引自 http：//nongmin. com. cn 和《荷花、睡莲、王莲栽培与应用》李尚志等）

1. 脱去种皮的莲子　2. 莲蓬　3. 成熟的莲子　4. 萌发的莲子

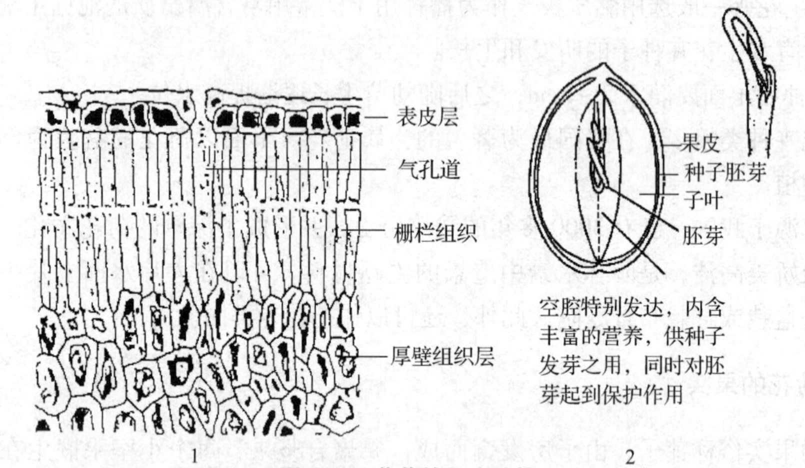


图 10-2　荷花的果皮结构

（引自《荷花、睡莲、王莲栽培与应用》李尚志等）

1. 果皮部分横切面　2. 种子结构

## (二)荷花的种子

莲的种子由种皮和胚构成(图 10-2)。莲子成熟果皮的内侧是一层紫红色或乳白色的种皮。莲胚由合子发育而来，含有肥厚的子叶、绿色的胚芽和短粗的胚轴，胚根极度退化。在种子发育过程中，胚乳营养被胚吸收，表现出双子叶种子的共性；但是两枚子叶

交互排列，且基部合生，这又与单子叶植物类似。莲子叶特别发达，可为种子萌发提供充足的营养，并对胚芽具有保护作用。荷花种皮坚硬，一般在播种前需进行处理，以便催芽。通常采用刻伤和浸种的方法。

莲子是长寿种子，无休眠期，只要保持26℃左右水温，四季均可以育苗。春季育苗南方在4月上旬，北方推迟到5~6月。具体时间要视气温适时进行，宁晚勿早。丰花型品种的莲子在温度、光照等条件适宜的情况下，从育苗到开花，春季需要50~60d，秋季需要60~80d。分期分批育苗，可以使盆栽荷花的观花期从6月上旬延续到10月下旬。

#### （三）荷花的盆栽

1. 盆栽荷花的品种选择

荷花品种繁多。根据主要用途和栽培目的，荷花分为3类：藕莲、子莲、花莲。藕莲和子莲都是食用莲藕，以采收藕茎和莲子为目的。它们叶片宽大，叶梗高大，花色单一，花瓣较少，地下根茎粗壮，要求较大的生长空间，盆栽不易开花。盆栽荷花是以观花为主要目的，因此，盆栽荷花应该选择花莲类品种。露地栽植、盆栽（缸栽）使用不同的品种。盆栽荷花的品种分为大、中、小型品种，株高在1m以上的属于大型品种，例如：‘千瓣’莲、‘荣耀红’莲、‘彩斑大洒锦’、‘友谊牡丹’莲、‘柳园牡丹’莲等，这些品种植株高大，长势强健。中型品种的荷花株高在60cm左右，如‘荣耀一号’、‘荣耀二号’、‘鹏芳千禧’、‘青春年华’等。小型品种的荷花主要在30cm左右，如‘玉碗’、‘红绣球’、“柳园系列”等。

2. 花盆的选择

栽植荷花前，首先要选择适合盆栽荷花生长的花盆，一个大小合适的花盆是保证荷花健康生长的基础；美观雅致的花盆更能使荷花与花盆相得益彰，增加盆栽荷花的观赏性。

不同品种的荷花分别选用不同大小的花盆。大型品种需要口径36cm以上，高度30cm左右的花盆栽植。中型品种应选择口径在28cm左右，高度26cm左右的花盆栽植。而小型品种应该选择口径22cm左右，高度20cm左右的花盆栽植。

## 二、实习指导

#### （一）目的

通过实习掌握水生花卉的播种和种植技术。

#### （二）时间

5月下旬。

#### （三）材料和用具

1. 实习材料

莲子。

2. 实习用具

铁铲、解剖刀、花盆、枝剪等。

**(四)内容与操作方法**

播种栽培首先要挑选来源可靠的莲种。不同品种系列的莲子外观、性状、大小、色泽一般不同。应选择粒大饱满、表皮光亮的莲子。

1. 种子刻伤处理

莲子种皮坚硬密实,自然发芽较困难,需要进行人工刻伤(图10-3)。用枝剪将莲子底部的种皮剪破,注意不要刻伤种胚,更不要完全去除种皮。

**图10-3 莲子播种**(引自《荷花、睡莲、王莲栽培与应用》李尚志等)

1. 刻伤莲子 2. 浸种催芽 3、4. 萌发的莲子 5. 分栽入盆

2. 浸种催芽

将破壳的莲子放入浅盘中,用26~32℃的温水浸泡种子。盘内的水不宜过深,以浸没莲子为宜。每天换水两次,保持水质清洁,忌油污和肥害。浸泡3~6d种子就会发芽,发芽后放在向阳处,夜晚注意保温,不可缺水。不发芽的种子随之浮出水面。两周后,种子长出2~3片幼嫩真叶,根长达到6cm左右,即可分栽入盆。

3. 分苗移栽

根据不同品种,选择适合的花盆。移栽时把种子和根部栽入盆泥中2~3cm,荷叶露出,然后加水,以不淹没荷叶为度。将花盆放在阳光充足的地方。生长过程花盆中不再换水,也不能缺水。

4. 盆栽荷花的日常管理

(1)施肥:盆栽荷花的耐瘠薄能力比食用莲藕弱,而且盆内容积有限,地下根茎伸展

空间狭小，根系密集。因此，结合盆栽荷花的品种和长势，做到科学合理施肥。盆栽荷花总的施肥原则是：浮叶期要少，立叶期要勤，花果期要多。

①盆土不要过肥，栽植前不要施用基肥，栽植后两周内不要施追肥。因为栽植初期，根系尚未形成，顶芽的萌发、浮叶的出水都是靠种子母体供给营养，初生芽细嫩，过早施肥容易产生肥害。

②栽种 3 周左右，先后长出 3 ~4 片钱叶。有部分能直立水中的立叶出水时，如果叶色偏黄，每盆可追加磷钾含量高的复合肥 10 粒左右，每隔 2 ~3 周追肥一次。

③前期不要施加含氮量高的化肥，以防止茎叶徒长，只长叶不开花。花果期植株需肥量大，可施加氮磷钾复合肥，施肥时肥料不能与荷叶接触，直接放入水里。

④后期为延长观赏期，可追加少量尿素，促使地下根茎延伸和新藕形成，使荷花再次现蕾开花。

(2)浇水：盆栽荷花由于盆底不漏水，生长旺盛的夏季依靠自然降水花盆能够蓄水，冬季休眠期不需要加水，因此盆栽荷花浇水次数远少于其他盆花。一般夏季每周浇水一次，但不可缺水。盆栽荷花对水质的要求不高，无污染的自来水、地下水、湖塘水均可使用。

(3)虫害防治：由于荷叶表面有一层蜡质的保护膜，出淤泥而不染，因此在通风向阳处基本无病害。感染蚜虫时，可用洗衣粉加水 600 倍喷雾触杀。

(4)越冬管理：霜降后，剪除枯叶和花梗，盆中加满水。在华北地区，盖一层塑料薄膜在盆上，膜上盖土，土上再盖一层塑料薄膜；或者将花盆移到阳畦或冷室中，春暖后翻盆分藕，重新栽植。

## 三、思考与作业

1. 播种后观察荷花的生长发育过程，完成实习报告。
2. 用照片记录其生长发育过程。

# 实验11

# 园林球根分类及演替

## 一、概述

多年生草花中地下器官变态膨大成块状、根状、球状等这类花卉总称为球根花卉。球根花卉与其他花卉相比，种类较少，但其园艺化程度极高，品种繁多，色彩艳丽丰富，观赏价值很高，适宜于园林花卉的各种应用形式。

了解掌握球根花卉的分类及其演替方式，可以指导实践中球根的繁殖、栽培和贮藏等工作。

### (一)球根花卉根据地下变态器官的结构分类

球根花卉根据地下变态器官的形态和来源可以分为鳞茎、球茎、块茎、根茎和块根5类(图11-1)。

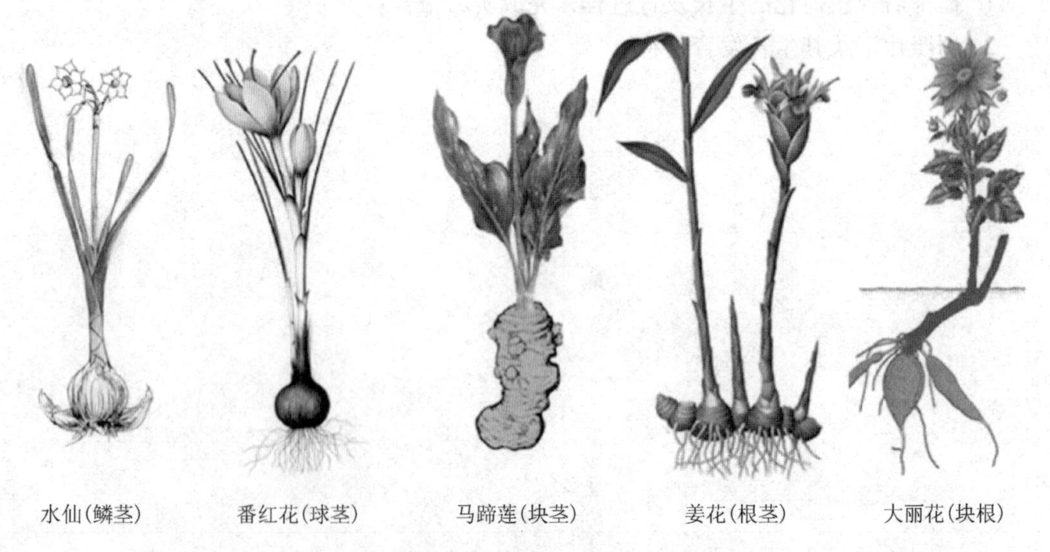


**图11-1　球根花卉的分类**

(改绘自维基百科网站)

1. 鳞茎类

地下变态茎极度短缩成为扁盘状的鳞茎盘，鳞茎盘上着生不定根，大部分叶片变为肥厚的鳞片，着生于鳞茎盘上。可以分为有皮鳞茎——鳞茎外有干皮或膜质皮包被，如水仙、郁金香、风信子等；无皮鳞茎——鳞茎外无包被，种类较少，如百合、花贝母。

2. 球茎类

地下变态茎呈球状或扁球状，实心，球茎上有节、退化的膜质叶片及侧芽。如唐菖蒲、小苍兰、番红花等。

3. 块茎类

地下变态茎呈不规则的块状或条状。如仙客来、球根海棠、马蹄莲等。块茎类大多容易获得种子，通常采用播种繁殖。

4. 根茎类

地下茎明显膨大呈根状，上有明显的节，新芽着生于分枝的顶端。如美人蕉、蕉藕、荷花、睡莲等。

5. 块根类

变态根明显膨大呈块状，根系从块根的末端生出，芽着生在根颈部位。如大丽花、花毛茛等。

值得注意的是，球根花卉中有一些复合形态，如晚香玉，上部呈鳞茎状，下部呈块茎状，称为鳞块茎。

### (二)球根的演替途径

球根花卉都具有地下贮藏器官，这些器官中贮存丰富的营养物质，可以帮助植株度过不利的气候条件。这些器官可以存活多年，有的每年更新球体，有的只是生长点每年移动，完成新老球体的交替，使得植株呈现多年生状态。球根栽植后，经过生长发育，新球体形成、原有球体衰老死亡的变化过程，称为球根演替。球根的演替途径大致可以分为交替演替、包孕演替、缓慢演替和逐步演替 4 类。

1. 交替演替

部分鳞茎、块根类和球茎类球根为这种演替途径。如郁金香、球根鸢尾、唐菖蒲、小苍兰、大丽花等。

郁金香(图 11-2)　鳞茎寿命只有 1 年，9 ~ 11 月种植后，地上部分一般不萌发，地下鳞茎生根，翌年春地上萌生叶子并开花。在地上部分生长的同时，地下老鳞茎体的旁边长出若干新的鳞茎，较大的 1 ~ 2 个鳞茎称为新球，其余较小的鳞茎称为子球。当年栽下的鳞茎(母球)，开花并产生新球及子球后，便干枯死亡，新球则在当年秋天发根，翌年继续生长开花。如果夏季采收，则分离新球与枯萎的老球体，贮存后秋季种植。

唐菖蒲(图 11-3)　球茎寿命为 1 年，4 月种植后，球体萌生出地上叶，继而开花结实，同时地下球茎上、靠近叶丛基部膨大，逐渐形成新球体。老球开花后营养耗尽而萎缩，形成的新球周围有时能形成数量不等的小子球。翌年较大的新球可以开花，而小子球则需要生长 3 ~ 4 年才能开花。如果秋季采收，将新球及小球用手掰下另行栽植即可。

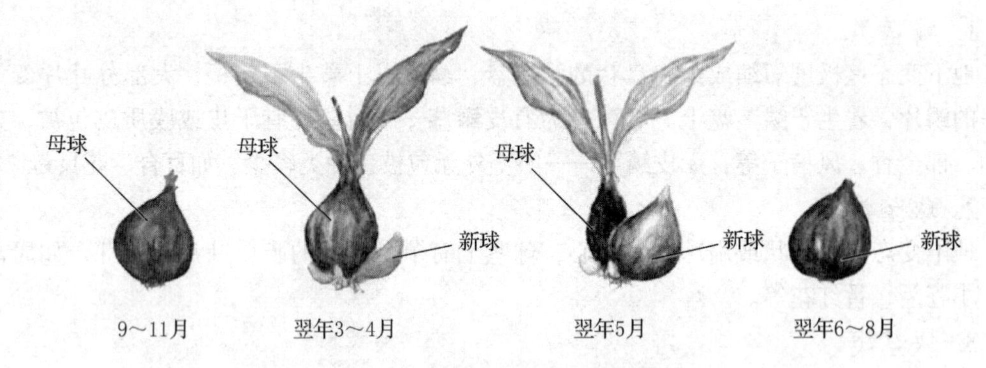


图 11-2　郁金香球根的演替示意图

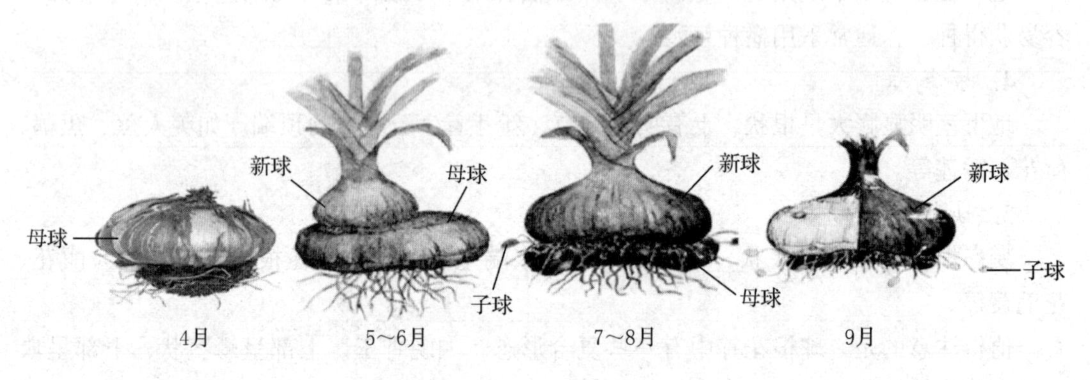


图 11-3　唐菖蒲球根的演替示意图

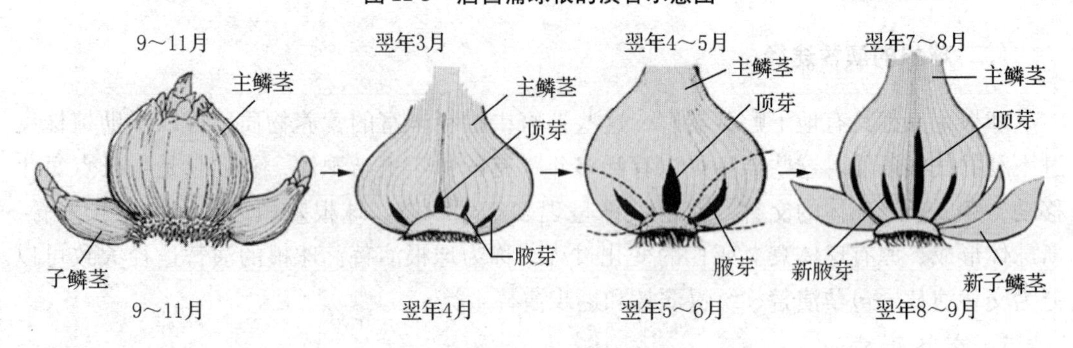


图 11-4　水仙球根包孕演替示意图

2. 包孕演替

这类鳞茎球体本身可以存活多年，鳞叶之间发生腋芽，每年由腋芽处形成一至数个子鳞茎，并从老鳞茎中分离出来，长到一定大小即可开花。子鳞茎大小不同，到开花的时间长短也不同。人为分离后可用作繁殖材料。如朱顶红、水仙(图 11-4)、百合、晚香玉等。

3. 缓慢演替

块茎底萌生根系，其上的芽发育成地上部分，地下部分可以存活多年，块茎体新生部分生长极缓慢，新老交替不明显，多年后球体呈衰老状态，芽的萌生能力降低，开花不良。这类花卉可以分割块茎繁殖，但繁殖系数低，由于大多可以采获种子，故也可采用播种繁殖。如马蹄莲、仙客来(图 11-5)等。

**图 11-5　仙客来块茎缓慢演替示意图**

（引自 www. srgc. org. uk）

4. 逐步演替

地下根茎不断伸长，形成含有饱满芽的新体，其上的芽可以形成地上新株，当地下新生根茎部分足够粗壮，养分充足时，地上部分即可开花。老根茎逐渐衰老，其上萌芽数逐渐减少，直至完全丧失发芽能力后自然枯萎，完成新老演替过程。如荷花、睡莲、鸢尾（图 11-6）等根茎类球根。

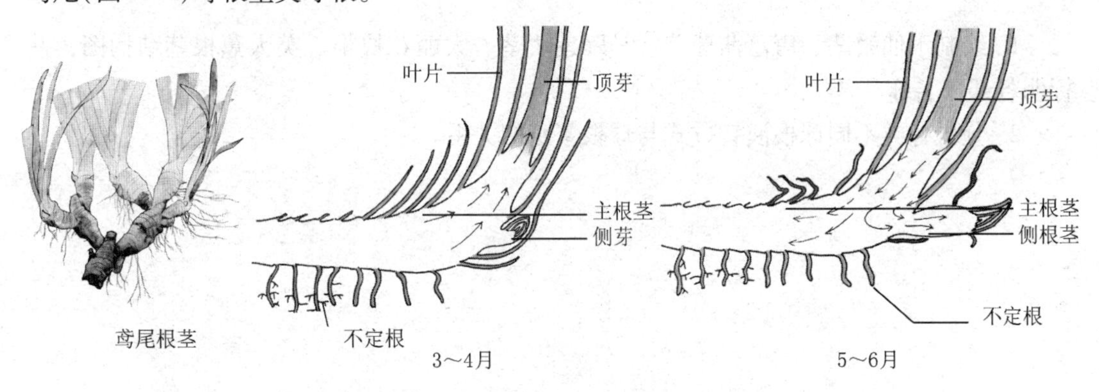


**图 11-6　鸢尾根基逐步演替示意图**

（改绘自 www. biology-resources. com）

## 二、实验指导

### （一）目的

1. 从直观上加深对各类球根形态及内部构造的了解。

2. 掌握各类球根的形态特点和演替方式。

3. 理解球根演替与球根种类和繁殖的关系。

### (二)时间与地点

1. 时间

球根花卉各论学习完之后进行。

2. 地点

球根花卉圃地及实验室。

### (三)材料与用具

1. 材料

水仙鳞茎、唐菖蒲球茎、马蹄莲块茎、大丽花块根、美人蕉根茎。

2. 用具

球根演替挂图、小刀等。

### (四)内容与操作方法

1. 在花圃，以小组为单位，领取各类球根各1个。

2. 学生识别各种花卉种球，进行球根分类。

3. 观察各类球根的外形特点，用小刀纵剖球根后观察其内部构造特点，进行绘图(拍照)。对照实物进行描述。

## 三、思考与作业

1. 绘制水仙鳞茎、唐菖蒲球茎、马蹄莲块茎、大丽花块根、美人蕉根茎结构图，并标明各部分名称。

2. 分析各类不同球根演替方式与球根繁殖的关系。

# 实习12

# 园林球根花卉栽培

## 一、概述

球根花卉是多年生花卉中地下器官膨大变态的一类花卉，广泛分布于世界各地。它种类丰富，种球携带方便，种植后即可开花，非常适宜于园林布置，被广泛应用于花坛、花境、切花、岩石园或作地被、基础栽植等。

在气候适宜的地区，球根花卉可以像宿根花卉一样，一次种植多年观赏。常见园林球根花卉中，东北地区通常不采收的种类有：荷花、铃兰、卷丹、东北百合、白头翁等；华北通常不采收的种类有鹿葱、葡萄风信子、大百合、王百合、秋水仙、雪钟花、铃兰等；华东地区通常不采收的种类有美人蕉、朱顶红、晚香玉、石蒜、大丽花、唐菖蒲、水仙、绵枣儿、白及、百合、文殊兰、百子莲、水鬼蕉、葱兰、韭兰、红花酢浆草、火星花等；华南地区通常不采收的种类有美人蕉、文殊兰、马蹄莲、朱顶红、姜花、红姜球、郁金、鸟乳花、网球花、亚马孙百合、菠萝百合等。

但是在以下情况下则需要每年在球根休眠期进行采收、贮存，到适宜的时间再进行种植。

(1)气候不适宜：指该种球根不能在当地安全越冬或越夏。例如，处于休眠期的郁金香在北京多雨的夏天容易腐烂，影响来年开花。营建景观质量要求较高的郁金香花园时，通常在5月底至6月初开花之后进行采收、贮存，秋季再进行种植。

(2)需要表现整齐的开花景观：如采用花坛、种植钵、花带等应用形式，体现花卉群体开花一致的景观时，需要种植大小一致的球根，将种球进行采收，然后分级。但是用于花境、花丛等形式，需要表现植株高低大小不一、花期各异的自然状态时，若气候允许，则不用年年采收。如华东地区的晚香玉，采收后按照种球大小分级种植，开花时花期一致，整齐度高。

### (一)园林球根花卉的种植

#### 1. 土壤或基质准备

栽培球根花卉的土壤条件，对于球根花卉新球的生长发育和翌年开花有很大影响。

所以对整地、施肥、松土等过程均需给予相当的重视。

大部分球根花卉都要求排水良好的砂壤土或栽培基质。虽然大多数种类整个生长季节要保持土壤湿润，但若排水不良，不仅生长受到影响而且易产生病害。花坛或栽培床如果低洼积水，下层应用炉渣、碎石、瓦砾等铺设排水层，亦可设排水管。在栽培土质黏重或排水较差地段可设高床，园林中为了美观，高床的边坡常铺设草皮或用石块砌筑。

球根花卉喜土层深厚、疏松，因此栽培球根花卉的土壤层至少40cm，并通过施用充分腐熟的有机肥料改善土壤结构。磷肥对球根的充实及开花极为重要，故常用骨粉与其他肥料混合一起作基肥；钾肥需量中等；氮肥不宜过多。除个别种类外，大多数球根花卉适宜的土壤pH值为6~7，因此，在土壤酸、碱性较强的地区需要适当调节土壤pH值。

2. 种植

(1)种植时间：根据球根种类的不同，种植时间主要集中在春、秋两个季节，大丽花、唐菖蒲、晚香玉、美人蕉等在春季(3~5月)种植，称为春植球根；郁金香、风信子、花毛茛等在秋季(9~11月)种植，称为秋植球根。

(2)种植深度：球根栽植的深度因种球大小、球根种类、土壤质地、栽植目的不同而异。

①球根种类　大多数球根花卉适宜的种植深度为种球高度的3倍，即开沟深度为球高3倍，而覆土约为球高的2倍，如唐菖蒲属、虎皮花属、美人蕉属、大丽花属、水鬼蕉属、风信子属、马蹄莲属、嘉兰属等。

有些花卉适宜浅栽，种植深度不到球高的3倍，如百子莲属、晚香玉、球根秋海棠、石蒜及葱兰以覆土至球根顶部为宜；朱顶红、仙客来等需要将球根的1/4~1/3露于土面之上。

还有一些花卉适宜深栽，种植深度大于球高的3倍，如百合类的多数种和品种要求栽植深度为球高的4倍以上。

②土壤质地和栽植目的　在黏重的土壤中球根比通常浅栽2~5cm；反之，在砂质土中深栽2~5cm。为繁殖而要多生子球，或每年掘起采收的球根，栽植宜稍浅；如需开花多和大，或准备多年采收的，可略深。

球根较大或数量较少时，常采取穴栽的方式；球小而量多时，多开沟栽植，种植株行距视植株大小而异。如大丽花为60~100cm；风信子、水仙20~30cm，葱兰、番红花等仅为5~8cm。大多数球根种植的间距应为球根直径的2~3倍。

3. 栽后管理

(1)浇水：球根种植后，要求最适宜的土壤湿度来保证根系的生长和发芽，在整个生长期间也需要适当的水分以获得最大的产量。球根栽植时土壤湿度不宜过大，湿润即可。种球发根后发芽展叶，正常浇水，保持土壤湿润。以后根据生长季节灵活掌握肥水供给。原则上生长期应供足水分，休眠期不浇水；夏秋季休眠的只有在土壤过于干燥时才给予少量水分，防止球根干缩即可。浇水时间最好在早上，这样到傍晚时植株上的水分已吸收和蒸发掉，不会因湿度过高造成真菌侵染。此外，雨季时要注意排涝，防止球根腐烂。

(2)施肥：为了避免土壤缺乏营养及有机物质，栽植球根前在栽培穴的底部可放入加有少量骨粉和充分腐熟的有机肥料或厩肥，以促进根系的健壮生长。种植后的施肥时间和施肥量因球根种类而异。一般秋植球根由于整地时已施足基肥，入冬前球根虽已生长，但生长量有限，对肥料要求不多，故入冬前和冬季并不缺肥。开春后，植株迅速生长，消耗肥料较多，必须及时追肥，以满足植物的需要。春植球根由于生长时间较长，除施足基肥外，生长季节每月应追施速效性肥料一次，补充其花芽分化、发育时对养分的需求。由于磷、钾肥可促进根系生长和球根膨大，因此，球根花卉在栽培过程中要控制氮肥用量，以免引起徒长，生长后期应多追施磷、钾肥，促使花大和球根发育充实。

(3)去残花梗：为避免球根花卉植株花卉种子发育消耗营养，促进养分向地下球根运送，利于种球发育和翌年开花，在园林绿地中，可用整枝剪将枯死的干花茎刈割掉。如果需要采种或令植株自播，则可留下少量的种荚使之成熟，并在剪掉枯叶前进行采收。

(4)分栽球根：球根花卉生长过于拥挤会导致开花不良。因此，即使在当地可以安全越冬或越夏，隔几年也需要分栽。可在球根花卉完全进入休眠状态后，根系开始生长前起出拥挤的植株，检查球根是否充实，有无软组织或腐烂。如果球根健康，应该将它们逐个分开，保持适当的深度与间距，重新栽植。在花境中为了获得自然的效果，要将小种球置于大种球间。

4. 栽培管理其他注意事项

①球根栽植时应分离侧面的小球，将其另外栽植，以免分散养分，造成开花不良。

②多数球根花卉因吸收根少且脆嫩，碰断后不能再生新根，故球根一经栽植后，在生长期不可移植。

③球根花卉多数叶片较少，栽培时应注意保护，避免损伤，否则影响光合作用，不利于开花和新球的生长，也影响观赏。

④花后正值地下新球膨大充实之际，尤其需要注意加强水肥的管理。

### (二)园林球根花卉种球采收和贮藏

球根的采收和贮藏是球根花卉独特的栽培管理措施，其主要作用在于：①利用球根的休眠期使其越冬或越夏；②球根在生长期间形成新球和子球，采收后可进行分级、分栽，便于管理和后期应用景观更一致；③起球后可对球根进行消毒、病虫害检查，起到防止病虫害蔓延的作用；④球根休眠后地上部分枯萎，失去观赏价值，球根采收后可种植其他观赏植物，对景观进行弥补修复；⑤可以通过调节球根的贮藏方式来调节其种植期，控制花期。

1. 采收时间

球根采收时间因球根花卉的种类而异，春植球根一般秋末采收，秋植球根一般夏季采收。不论哪个季节，均须达到成熟期才能收获。若收获过早，球根发育不充实，贮藏期间容易腐烂；若收获过迟，地上部分枯落，采收时易遗漏子球，同时春植球根易受到冻害，所以早霜可作为春植球根收球的信号(多在 11 月)，如大丽花、唐菖蒲等。秋植球根因遇上雨季易造成烂球，所以当叶片变黄 1/2 ~2/3 就可采收(多在 6 月上中旬)，如郁金香、风信子等。而另一些球根花卉如花叶芋、马蹄莲等，当温度降低到生长线以下，就可采收球根。

采收应选晴天，土壤湿度适当时进行。采收中要防止人为的品种混杂，并剔除病球、伤球。掘出的球根，去掉附土，并适当剪去地上部分，表面晾干后贮藏。

2. 球根储藏

球根在贮藏期间不仅保持存活，而且进行着营养转化等一系列生理生化活动，所以球根贮藏条件与方法极其重要。

球根贮藏可分为自然贮藏和调控贮藏两种类型。自然贮藏指贮藏期间对环境不加人工调控措施，球根在室内自然环境中度过休眠期。在园林绿地中栽培应用的球根，主要采用自然贮藏法。

调控贮藏是在贮藏期运用人工调控措施，以达到控制休眠、促进花芽分化、提高成花率以及抑制病虫害等目的。优点在于可提高成花率与球根品质，还能催延花期，故已成为球根经营的重要措施。常用的调控球根生理过程方法有药物处理、温度调节和气调(气体成分调节)等。如郁金香若在自然条件下贮藏，一般10月栽种，翌年4月开花。如采用低温贮藏(17℃经3周，然后5℃经10周)，即可促进花芽分化，将秋季至春季前的露地越冬过程，提早到贮藏期来完成，使郁金香可在栽后50~60d开花。这样缩短了栽培时间，与其他措施相结合，可达到周年开花的目的。

各类球根的贮藏条件和方法，常因种和品种而有差异，又与贮藏目的有关。

(1)春植球根的贮藏：春植球根秋季起球，越冬贮藏，各种球根在此期间对温、湿度的要求各不相同。一般保持高于5℃的环境，避免球根受冻。

①湿润低温下贮藏　贮藏期间要求有湿润的基质和较低的温度。这类球根主要有大丽花、美人蕉以及百合等。

美人蕉　起球后，将根茎适当干燥，然后用湿润的基质和沙子、锯末、蛭石或苔藓等埋藏，贮藏在5~7℃的条件下，并注意通风，量少时可置于瓦盆、木箱中贮藏，量大时可在室内堆藏或窖藏。

大丽花　起球时将块根挖出，如果分割，必须带部分根茎，并涂以草木灰，适当干燥2~3d后贮藏。方法与美人蕉基本相同。

百合类　夏秋收获的百合球根，必须经过一定的低温冷藏才能解除休眠。否则栽种后植株生长不一致。冷藏温度随品种不同而略有差异，一般0~10℃，由于百合鳞茎无皮，易失水干缩，所以贮藏时须用微潮的沙子埋藏，但又要防止由于潮湿而染病腐烂。

②干燥低温下贮藏　主要有唐菖蒲、晚香玉等。这些球根贮藏期间如果环境湿度太大，易染病霉烂，对栽种后的生长造成严重影响。因此，贮藏时务必保持环境干燥、通风良好，同时维持适当的低温。球根贮藏时需搭架，架上放竹帘，苇帘或竹筛，而且贮藏期间要经常翻动、检查，防止发生霉烂。温度要求与具体贮藏方法随球根种类而不同。

唐菖蒲　起球消毒后要晾晒1周，然后放在竹筐内或放于纱布袋中悬挂贮藏，或架藏于2~4℃的条件下。温度低于0℃，球茎易霉烂；高于4℃，则易出芽。

晚香玉　北方冬季被迫休眠后起球，再将叶片和球茎下部长须根的薄层部分切去，

并及时晾晒，待外皮干燥后上架贮藏。最初室温25～26℃使其外皮见干，2周后维持在10～15℃。贮藏期间要避免受潮，以防止球茎里的主花芽腐烂，影响翌年开花。

(2)秋植球根的贮藏：秋植球根初夏采收，越夏贮藏。此时正值高温多雨期，对环境的要求比越冬贮藏的球根复杂得多，因为大部分球根在此期间进行花芽分化和花器官的发生，因此，必须给予最适条件。采用干藏的球根采收后先将其充分干燥，保持贮藏环境通风，气温20～25℃，可以搭架子，也可将球根摊开，贮藏期间经常翻动检查，务必保持通风良好。

郁金香、风信子、番红花等　起球后，要防止碰伤或暴晒，晾晒分级后贮藏于黑暗、通风、凉爽的环境下。

水仙　贮藏前切去须根，并用泥将鳞茎和两边相连的脚芽基部封上，保护脚芽不脱落，然后摊晒于阳光下，待封泥干燥后，贮藏于低温环境下。

球根鸢尾　贮藏时不宜将子球与根系分离，以免伤口腐烂，秋栽时再行分离，同时保持环境凉爽、干燥、通风。

花毛茛　晾干水分的花毛茛块根要及时贮藏，否则易腐烂变质。量少时可将块根装入布袋、纸袋或塑料编织袋中，常温下悬挂在室内通风干燥处贮藏。量较大时，选用干燥、洁净的珍珠岩或锯木屑与消毒、晾干的块根混合，装入内附纱网、防水纸或衬垫物的竹篓、有孔纸箱、塑料筐等容器中，上面用纸板或报纸覆盖，放入冷库中贮藏。

另外，球根贮藏期间注意通风，以免过湿造成球根霉烂。球根不能与水果、蔬菜等混合放置，以免对球根不利的乙烯气体的积累。还要经常翻动球根，检查、剔除病虫球根，同时谨防鼠害。

## 二、实习指导

### (一)目的

熟悉球根花卉种植、采收及贮藏的方法及步骤。

### (二)时间与地点

1. 时间

春季或秋季进行。

球根种植　4月下旬至5月上中旬进行春植球根的种植；10月下旬至11月进行秋植球根的种植。

球根采收、贮藏　夏季或秋季进行。6月上中旬进行春植球根的采收、贮藏；11月进行秋植球根的采收和贮藏。

2. 地点

球根花卉圃地。

### (三)材料与用具

1. 材料

春植材料　大丽花、唐菖蒲、晚香玉、美人蕉球根。

秋植材料　喇叭水仙、郁金香、风信子、葡萄风信子、百合球根。

2. 用具

铁锹、采收筐、筐箩、标牌、记号笔、相机、记录本等。

### (四)内容与操作方法

1. 球根种植

每小组至少种植2种球根。

(1)在实习圃地中，学生观察、识别各种球根花卉的种球。

(2)以小组为单位，随机领取2种球根花卉，先观察种球的大小、形状、色彩，进行绘图(拍照)。对照实物进行描述。

(3)判断其所属类别，然后按照其种植方法进行种植。

(4)在种植地做好标签，标明种和品种名称及种植日期、班级组号等信息。

(5)观察球根生长发育过程，完成实习报告。

2. 球根采收及贮藏

根据每组栽植的球根生长休眠状况适时进行。

(1)在圃地中找到本组种植的球根，适时采收，采收时用铁锹挖出球根，要深入球根底部，以防损伤球根，然后仔细放入采收筐中。

(2)仔细去掉球根的附土，并剔除伤球、病球，然后将其集中放在有清楚标记的筐箩中，摊开，放置在室内通风阴凉处将球根表面晾干。

(3)表面晾干后的球根，按照其贮藏要求进行相应的干藏或湿藏，并做好标记，标明种和品种名称及采种日期。

(4)贮藏后经常翻动球根，及时检查。

## 三、思考与作业

1. 分析、比较各种球根的贮藏方法及效果，完成实习报告。

2. 各类球根花卉种植、采收、贮存的特点是什么？

# 实验13 水仙雕刻

## 一、概述

水仙(*Narcissus tazetta* var. *chinensis*)是我国传统名花，别称甚多，其中以“凌波仙子”流传最为广泛。每到冬末岁首，群芳俱寂，唯有水仙凌波吐艳，故有“一盆水仙满堂春，冰肌玉骨送清香”的美誉，古往今来被视为吉祥、美好、纯洁、高尚的象征。水仙是石蒜科水仙属的鳞茎球根花卉，是法国水仙的变种。目前有两个品种(图13-1)：一个是‘金盏银台’(‘玉台金盏’)，花单瓣，花冠白色，花萼黄，中间有黄色的副冠，形如盏状，花味清香，花期约半月。现在市面上所出售的水仙绝大部分为该品种；另一个是‘玉玲珑’(‘千叶’水仙)，花重瓣，花瓣十余片卷成一簇，花冠下端微黄而上端淡白，没有明显的副冠，花期约20d。

‘金盏银台’

‘玉玲珑’

图13-1　水仙品种

### (一)水仙的栽培历史及文化

水仙在我国有悠久的栽培历史，据明朝文震亨所著《长物志》记载：“水仙，六朝人呼为蒜。”可推测在六朝时期(420—581年)我国已经栽培水仙。最早直接记载水仙栽培的文献是唐代段成式所著的《酉阳杂俎》。至宋代，从众多描绘水仙的诗词中可知我国东南多地栽植水仙花，喜爱水仙者与日俱增。宋代高似荪的《水仙花后赋》涉及水仙花的地域

有潇湘、沣源、荆许、湘渊等县。刘邦直诗中也提到："钱塘昔闻水仙庙，荆州今见水仙花。"总体上从宋代流传下来的咏水仙诗词来看，当时水仙还是十分珍贵的。如黄庭坚诗："折送东园栗玉花，并移香本到寒家。何时持上王宸殿，乞与官梅定等差。"宋代词人辛弃疾也在《贺新郎·咏水仙》中说："灵均千古怀沙恨，想当初匆匆忘把此花题品。"均说明水仙是宋代才成为名花的。到元、明、清时，栽培水仙逐渐普及，从帝王贵族、富商雅士直到民间普通百姓都喜爱栽培、观赏水仙。

从宋代至清代之前，长江以南很多地区都产水仙，其中以嘉定、苏州为最。清代康熙年间的《定海县志》卷 24 特产篇中记载："水仙，本名雅蒜…… 雅蒜悬山海涂有数十亩。"另外，如杭州、庐山在《地方志》中都记载过种植水仙。

福建漳州地区种植水仙始宋代，并在当时被列入 72 种名贵贡物之一。福建当时除了漳州之外，彰化、平潭、兴化等地均生产水仙。明朝中后期，随着对外贸易的发展，中国产的水仙商品鳞茎球输出到日本、东南亚等地。近代中国水仙的主要产地在福建省漳州地区。漳州地处亚热带，气候温和、土地肥沃，适合水仙生长，再加上十几代花农的辛勤培育，漳州地区所产水仙鳞茎球大、花箭多、味香色美。除销售到全国各地外，还出口到日本、东南亚各国以及欧美很多国家。

作为中国十大传统名花之一，有许多关于水仙的诗词曲赋、民间传说以及歌谣童话等。早在宋代，水仙就见于一些诗词、绘画之中。如赵孟坚(1199—1264 年)的《水墨双钩水仙》，高似荪的《水仙花前赋》与《后赋》，赵溍的《长相思》，刘攽的《水仙花》，朱熹的《赋水仙花》以及杨万里的《咏千叶水仙花》等 30 余首。在历代文人中，晋代陶渊明独爱菊，宋代陆游爱梅，周敦颐爱莲，而宋代大诗人黄庭坚、朱熹、刘邦一直最爱水仙。"借水开花自一奇，水沉为骨玉为肌。暗香已压荼蘼倒，只此寒梅无好枝。"(刘邦直《咏水仙》)水仙正是以其在严寒冬季，仅凭一勺清水，便亭亭玉立、馥郁芬芳的朴素高洁品格赢得无数名人的赞美。宋代姜特立有诗云："清香自信高群品，故与江梅相并时。"明代李东阳赞水仙："澹墨轻和玉露香，水中仙子素衣裳。风鬟雾鬓无缠束，不是人间富贵妆。"而近代女革命家秋瑾也赋诗咏道："瓣疑是玉盏，根是谪瑶台。嫩白应欺雪，清香不让梅。"水仙同样也受到现代人的喜爱，当代诗人艾青就对水仙深情吟咏道："不与百花争艳，独领淡泊幽香。"

水仙素有"凌波仙子"的雅称，被人们视为"岁朝清供"的迎春花，在百花凋谢的暮冬岁首，水仙却湘衣缥裙、亭亭玉立、清香四溢、风姿婆娑，正如诗云："一生不为红尘染，羞与群芳比春华。冰水为神玉为骨，幻成痴绝女儿花。"因此，我国历代诗人吟咏水仙花时，总是把水仙比做湘妃或洛神。如"水中仙子来何处，翠袖黄冠白玉英""离思如云赋洛神，花容婀娜玉生春。凌波袜冷香魂远，环佩珊珊月色新"。

### (二)水仙雕刻造型的发展

水仙经过雕刻造型及水养后，叶片弯曲、矮化，花、叶分布定位定向，可成为栩栩如生的玉象、凤凰、白鹤、雄鸡、鲤鱼、百灵鸟等动物；或呈玉壶、葫芦、桃、李形象，还可模拟大自然中的某一景物，将其缩小在咫尺盆中，千姿百态、潇洒自如，使之成为

活的艺术品。此外，掌握雕刻时间、控制水养温度，可使之在“圣诞”“元旦”“春节”开放，给节日增添欢乐气氛。

将水仙鳞茎进行造型，古已有之。早在宋朝乾道年间，许开(仲企)，在《五古·水仙花》诗中曰：“定州红花瓷，块石艺灵苗。芳苞出水仙，厥名为玉霄。适从闽越来，绿绶拥翠条。十花冒其颠，一一振鹭翘。粉蕤间黄白，清香从风飘。”当时即用著名的定州红瓷为盆，用块石巧妙铺砌水仙花，成为盆景艺术，供玩赏。清代陈淏子的《花镜》以及汪灏的《广群芳谱》书中均对水仙的造型技艺有所论述。20世纪初，翁国梁著《水仙花考》对水仙雕刻造型技艺进行了较详细的论述，书中写道：“水仙花在漳州，价极低廉，故‘水仙岁暮，家家互种’，盆植者多以小刀刻其地下茎(鳞茎，水仙球)，削去球茎之一大半，至见幼叶为止，据云：经此刻削之后，其叶生长则为卷状，而花茎必高于叶矣。刻削之后，即以棉花包裹之，竖立盆中，用粗砂、小石子或海蛎壳、蛤壳等掩之，籍以扶持，不致其歪倒耳，实无其他作用，俟其发叶，置于案头，早晨移出晒日光，遇阴雨天气，则浇热水，待其抽茎很高，才把红纸条或红丝线，绾于花茎，以为点缀。”水仙雕刻造型艺术除必须达到“雕工精细、造型逼真、生长健壮、叶茂根秀、配盆谐宜、立意新颖、命题高雅”外，还应具备花期适时，所以水仙雕刻造型，花期控制也是重要的一环。

水仙雕刻在福建漳州已形成一种花卉传统。漳州水仙雕刻艺术始于清朝，盛于现代。形成了独特的传统雕刻手法和造型，提高了漳州水仙花的对外影响力和知名度。

### (三)水仙雕刻

#### 1. 水仙雕刻造型的原理

水仙为鳞茎花卉，雕刻前鳞茎贮藏大量养分并已完成花芽分化，适时水养满足一定环境条件就可以让水仙开花。未经雕刻造型的只能观赏其自然姿态，同时室内水养的水仙容易徒长，叶子和花莛产生倒伏，影响整体美观。水仙雕刻造型的目的是通过刀刻或其他手段使其叶和花矮化、弯曲、定向成型，根部垂直或水平生长，球茎或侧球茎按造型要求养护、固定，以形成各种艺术造型，提高其观赏趣味性。

水仙雕刻造型主要是对花、叶的雕刻，造成机械损伤，结合光照、温度和水分控制等措施，使花、叶达到艺术造型的目的。通过人工刻伤鳞茎中的鳞片、幼叶或花梗，使雕刻器官的一侧或一面受损伤，在愈合过程中，受伤的一侧生长速度减缓，而未受伤的一侧正常生长，即生长速度较快。这样，叶片或花梗就向受伤的一侧弯曲生长。也同时利用植物的向光性实现造型，向光面细胞的生长速度较背光面细胞的生长速度慢，所以就形成了地上部器官朝向阳光生长的结果。

#### 2. 工具

所谓“工欲善其事，必先利其器”，水仙的雕刻，工具非常重要。各地雕刻用的工具各异，但是原理大同小异。

福建漳州的传统雕刻工具(图13-2)主要为两用水仙雕刻刀。刀长15cm，厚约0.3cm，一端是宽约1.5cm的斜刃刀，常用来雕刻鳞茎片，刻叶苞片，削花梗等；另一端是半卷刃刀，刀宽0.6cm左右，常用于削叶缘，削花梗等。

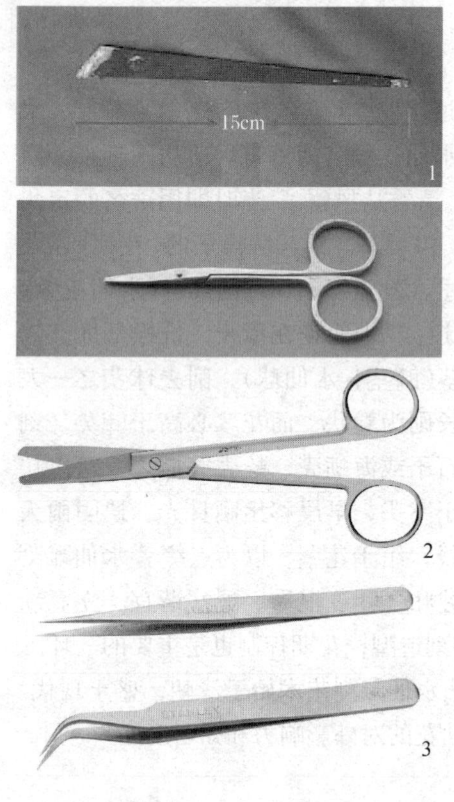


图 13-2 水仙雕刻工具

1. 传统两用水仙雕刻刀 2. 小剪刀 3. 镊子

也可选用医用的不锈钢小剪刀。刀口瘦长，尖形和弯形小剪刀各一把。用于修整叶片、鳞片，配合雕刻时使用。水养过程中也可剪除霉烂的鳞片、叶片、根和花蕊等。

医用镊子也有助于雕刻操作。可准备尖头和弯头各一把，用于清理雕刻的碎片、整理叶片、花梗、花蕊，配合深层雕刻和盖棉、清污之用。

3. 水仙雕刻造型的种类和技法

(1)造型种类：中国水仙的雕刻造型，可分为4种类型：

赏花叶类　主要雕刻花和叶，一般对根、茎不加雕琢。

赏球茎类　主要雕刻球茎、侧球茎的外形，雕琢花叶作为衬托，形成独特的造型，如“玉壶春色”“桃李争春”等。

赏根类　主要观赏部位是细白长根，如“高山飞瀑”。

拼接类　用多个水仙花头经雕刻(或不雕刻)，拼接成栩栩如生的各种形象。另外，也可与奇石配置，更加新颖别致。

(2)雕刻技法

①竖直或倾斜雕刻　水仙球茎的鳞片层层包裹，非常紧实，有碍芽体的生长。倾斜刻法即由球茎正、背两面顶端，以主芽为中心，向左、右各斜刻一刀，形似“人”字。直刻法即由球茎正、背两面顶端，在主、侧芽之间自上而下直刻两刀。两种刻法的深度掌握在1～2cm，刻过的水仙球茎，浸泡1～2d，洗净黏液后即可水养。

②几种特殊的水仙雕刻技法

杯状雕刻法　于主球茎由下至上1/2～2/3处环刻一周，将刻痕以上的鳞片慢慢剥除，待花苞剥露后，向下雕挖，直到花苞全部裸露，再按蟹爪水仙的后期工序处理，即删削叶片、雕刮花梗。使整个主球茎宛如银杯，水养后，花、叶卷曲在杯中及周围。两个侧球茎的叶片伸长之后，拢起作为篮把，状如“喜庆花篮”。

掏空雕刻法　此法以观赏球茎为主，故应尽量保留完整球茎。首先将球茎顶端切除1/3(或更小)，然后将鳞片用槽形刀、匙形刀挖出，掏空球茎内部，留下完整的芽苞，再行删削叶片和雕花梗。使卷曲的花、叶在完整洁白的球茎顶端生长开放。掏空雕刻法是“玉壶生津”等造型的主要技法。

背部雕刻法　此法从球茎背部进刀，将内部的鳞片挖出，留下芽苞，再进行删削叶片及雕刻花梗。背部雕刻法要求创口尽量小，球茎正面尽量保持完整。

③花、叶的雕刻造型

弯尖叶　从叶片尖部下 2cm 处顺边削去 2mm 宽、占叶长 2/5 的部分，并在削口处去除一点薄皮。

凤尾叶　从叶尖到叶的 2/3 处，顺边削去 2mm，在削口中部去除一点薄皮。

鸡尾叶　从叶尖到叶的 1/3 处，顺边削去 3mm。

螃蟹叶　由叶尖到叶基削去叶片宽的 1/2。

盘龙叶　由叶尖到基部削去叶片宽的 3/5，削得越多，弯曲越大。

勾形花　由花苞下到 3/5 基部削去花梗部位 1/6 的薄皮。削在正面，开花时花向前弯，削左向左弯，削右向右弯。

绣球型矮花　由上至下削去花梗的 1/5，开花时花的高度只有 6 ~ 7cm。

④水仙根的造型　水仙根细腻雪白，可用来塑造“飞流直下三千尺”的瀑布或“银髯飘拂”的寿星银须等。诱导根生长的方法有：

——选用长圆筒形的容器，将底部钻数个小孔，内装满湿润净沙。将雕好的水仙球茎水养，待根原基萌动时，移至容器上部，使根接触沙子或以棉花包裹根部，下垂入容器，再将长容器放在盛水的盆中，使水由容器底部小孔渗入，诱根向下生长。每日换水，保持水质洁净。

——用直径 10 ~ 12cm 的长圆筒形容器盛满清水，将雕刻好的球茎水养，使根发出，待其长到 1 ~ 2cm 时，将根部用脱脂棉包好，端正地放在容器口上，使根尖入水少许。每日换水，瓶外用黑布或黑纸包裹遮光。

——将水仙根放在适合的槽形容器中，上部用脱脂棉覆盖，再将槽形容器放入水盆中，槽上方用黑布遮住，每天更换清水，并逐渐支高槽形容器的一端，使根的前端处于较低的位置，并且只让根端入水，由于根系倾斜生长，故形成瀑布状。

⑤拼凑造型技艺　用多颗水仙球茎精心拼凑成特定的造型。先用支撑物制造固定形状，再将水仙的花、叶、鳞片和球茎等用铁丝串连，并固定于支撑物上。

4. 认识、挑选水仙球

水仙球为卵圆形肥大鳞茎，外被棕褐色皮膜，常见由中间一个主鳞茎与周围数个小鳞茎共同着生在同一鳞茎盘上组成。漳州产的水仙球常呈“山”字形：中间一个主球，两侧各一个小球，用黄泥包裹茎盘。

要想雕刻培育出质量上乘的水仙盆景，首先要挑选到优质的水仙鳞茎球，因此，水仙鳞茎球的挑选是首要任务，可以从以下几方面进行挑选：

(1)看外形：选择外形丰满充实，枯鳞茎皮完整，根尚未生出者(有的根虽然已经生出，但健壮而短，不超过 1cm，主芽长度不超过 3cm 者也可)。有个别鳞茎球，前后直径大于左右直径，这种鳞茎球内通常含有多个叶芽，无花芽，最好不要选。

水仙主鳞茎周围，尤其是主鳞茎左右两侧常有 1 ~ 3 个大小不等的子球。大多数水仙造型都需要子球，但其数量不一。在主鳞茎大小质量相同的情况下，有子球的鳞茎比无子球的可做出更多的造型。但也不是越多越好，子球太多则争夺主鳞茎球的营养，影响到主鳞茎花芽的多少及强弱。一般而言，一个 20 桩的水仙有 2 ~ 4 个子球即可。

然后再看主鳞茎球底部的凹陷情况。凹陷较深、较大，说明鳞茎球发育成熟，若底部凹陷浅而小，说明栽培年数不够，尚未成熟，花苞少或无花苞。

(2)看光泽：枯鳞茎皮以深褐色、完整、光亮者为好。鳞茎皮薄如蒜皮，呈浅黄褐色，说明鳞茎球发育不良或栽种年数不够，尚未成熟，花苞少。有的鳞茎球在储存、运输、搬动过程中保护不好，主鳞茎球外面的枯鳞茎球皮缺损严重，使露出的白色的鳞茎片萎缩变色，质量下降，也不宜选择。

(3)掂重量：掂重量之前应把水仙鳞茎外包裹的泥块去除，然后放在手掌中轻晃动几下。两个大小相近的鳞茎球，分量重的较好。把鳞茎球放在手中，适当挤压，手感坚实而有一定弹性的鳞茎球为好。

(4)问桩数：所谓的桩数是指漳州水仙球的独特包装，是指在一个特定的传统竹篓内(高31cm，篓口内径28cm，篓底内径27.5cm)能装多少个水仙鳞茎。当然鳞茎越大，装得越少。20个鳞茎球把一个篓装满的，这样大的鳞茎球称为"20桩"。以此类推。为方便运输，近年来竹篓逐渐被长方形的纸箱代替，容积与竹篓基本相同，纸箱上印有水仙鳞茎球的桩数。

一般来讲，一个50桩的水仙鳞茎球有花芽2个左右；40桩的3~4个；30桩的4个以上，20桩有花芽6个以上；10桩的有花芽8个以上，最大的甚至有18个花芽。一般进行雕刻造型要挑选20桩或30桩的上乘鳞茎球(有特殊要求者除外)。

(5)量周径：为定级更准确，收购及销售规格统一、方便，有关部门规定以水仙鳞茎球周径长分级。目前市场上出售的水仙，以主鳞茎球周径长25cm以上为10桩；24.1~25cm为20桩；23.1~24cm为30桩；22.1~23cm为40桩。如主鳞茎球有的芽突出，尚未离开主鳞茎球应适当扣除周径长(一般为1cm)。

5. 水仙雕刻的基本程序(以"蟹爪水仙"为例)

(1)选择雕刻日：雕刻时间的选择十分重要，雕刻前必须进行时间预测，即雕刻后经过水养，能使之在预定的时间吐蕊开花。因此，在确定观花日期后，再根据培育水仙场所的温度、光照等情况选择雕刻日。如要求在春节期间开花，温度控制在20~25℃，在春节前24~26d开始雕刻、水养。就北京地区而言，需要在春节前35d左右进行雕刻。温度高开花提前，花期短。

(2)去枯根及枯鳞茎皮：在雕刻之前，先将水仙鳞茎的干皮膜、包泥(鳞茎盘下的泥块)、枯根以及主芽顶端的干鳞片剥离干净，以去掉污垢，便于迅速长根，避免腐烂。

(3)剥鳞茎片：一般是左手拿水仙鳞茎球，让弯曲的主芽面对自己，右手拿雕刻刀，在根盘以上1cm处，与底部平行划一条弧形线，将刀轻轻垂直切入。一次切入不可太深，以免把花梗从基部切断。在1~3层鳞茎片下可能会有无花苞的叶芽，应该及时切除，以免影响操作。

弧线上部鳞茎片从正面逐层剥掉，中间开个小窗户，中间一刀，两面再一刀。直到露出叶芽为止，主芽两端有时有两端尖、中间宽的鳞瓣，无叶片更无花苞，应及时去除。注意保护好从左右两侧弯曲伸到前面来的叶芽，常有花苞。然后把夹在芽体之间的鳞片刻除，使芽体之间有空隙，便于对芽苞片、叶片和花梗进行雕刻。

(4)刻叶苞片：把叶芽两侧鳞茎片从基部向上削除1/2左右，使叶芽前面及左右两侧都露出来。然后把所有叶芽的叶苞片都刻去2/3，露出叶片。叶芽后面的鳞茎片和叶苞片不必除尽。切勿碰伤叶芽处的花苞。

(5)削叶缘：把叶缘从上向下(也有从下向上的)、从外层到内层叶，把叶缘削去1/5~2/5。叶缘削去的深度和长度要根据造型的需要而定。削叶缘的目的有两个，一是叶缘被削去一部分后，变得弯曲，满足了造型的需要；二是叶缘被削去一部分后，叶片改变了自然向上生长的习性，叶片变短而婀娜多姿。注意削叶片时要上部多削一点，下部适当少削一点，并且不要损伤花苞。

(6)削花梗：在花梗基部上0.5~1cm处向下切一盾形薄片，深度为0.5~1mm。若想让花梗向右侧弯曲就削花梗的右侧。注意花梗的部位，轻重要有变化。

(7)子球处理：主鳞茎一般都着生一对以上的侧鳞茎，侧鳞茎大多数无花莛，但也有部分肥硕的侧鳞茎有花莛。子鳞茎是水仙花球的组成部分，常成为造型不可缺少的内容。子球的去留与否以及是否雕刻需根据造型而定。如有需要，估计子球内有花苞，雕刻方法同主鳞茎球的方法一致。如需要作衬景，估计又没有花芽，可先在子球底部上0.7cm处，横切一刀，深达子球2/5左右，然后再从芽顶端竖切一刀，把子球鳞茎片、叶缘都切除1/3左右。

其他常见的子鳞茎雕刻方法有：

——不雕刻让其自然生长，长势又直又高，后期叶片自然展开，一般是作为盆花两侧对称的衬体或作为背景。若在两侧鳞茎中间各套一个红纸圈，可作欢度春节，象征吉祥如意之盆景。

——从芽体端部凹削一刀，生长出来的叶片呈钩状，叶片比不雕刻的叶片稍低矮。凹度越长，长出来的叶端越呈钩戟状。对肥大有花箭的侧鳞茎，注意不能削着花苞。

——从芽体弯向的鳞茎面动刀，在距离根盘1cm处朝芽端剥掉鳞片和芽苞片的一半，从叶端顺时针削掉叶片宽度约1/2至叶基，生长出来的叶片如禽类绒毛状，也可卷曲成圆环。

——控制侧鳞茎叶片长势。从芽体弯向的鳞面处动刀，把距离侧鳞茎茎端1cm处至靠近侧鳞茎根盘的鳞片和芽苞片剥掉1/2，并从中削掉叶片宽度的1/3。这样叶片就不会从芽上端长出来，而是弯曲生长在侧鳞茎中部，虬蟠曲折，呈小山坡、丘陵状。

(8)修整：最后要把所有切口修削整齐，既保持外观优美，又可防止碎片霉烂。

水仙雕刻中要注意的是，因为花箭的成熟是随着时间的推移逐渐形成的，雕刻时鳞茎球中的花箭较嫩，在削叶片、花梗时，很容易损伤花苞和掉花苞，初学者可在开始雕刻中暂不削叶片、花梗，待浸球1d左右补充雕刻。因为此时叶片和花箭都开始松动，操作较容易，可防止伤及花苞。如时间过长，叶片散开生长，此时叶片基部还脆弱，很难削叶片，又易造成叶片断折。

### (四)水仙雕刻后的养护

1. 吐黏液

雕刻后的水仙鳞茎球切口朝下放在清洁的水中浸泡24h左右。盆中水深高达10cm以上，使被切伤的鳞茎片、叶片、花梗都浸入水中。把浸泡后的鳞茎球从水中取出，用清洁的纱布、脱脂棉或小毛刷轻轻地把伤口处流出的黏液洗掉，操作过程中注意不要损伤新根。

2. 覆盖棉纱与上盆

将鳞茎伤面向上摆放在盆器中，为了防止鳞茎伤口变成褐色，促进早发根，常用脱脂棉盖在鳞茎切口和茎盘处，并使另一端垂入水中具吸水功能，脱脂棉覆盖得尽可能薄。刚开始叶片只能直立生活，先置于大盆钵中养护几天，叶片有一定弯度后再上“细盆”。

3. 换水

雕刻水仙养护对水质的要求比较高。最理想的水是没有污染的井水和雨水。目前大多数城镇中用的都是自来水。最好先把自来水放置在清洁盆中1～2d。使自来水中的化学物质挥发或沉淀之后再用。

刚浸泡盖棉后的水仙，先放置在荫蔽处1～2d，盆内的水不超过鳞茎球的切口。每天向叶片及脱脂棉上喷洒清水2～3次。伤口愈合后可去脱脂棉(也可保留)，之后再置于阳光充足处水养。整个水养过程中，应晚上将水倒掉，清晨再放清水，气温较高，应增加换水次数。

4. 控温和光照

不要把水仙置于暖气附近或火炉旁。高温会导致叶片、花梗徒长，变得细而长，开花少甚至不开花，叶片变黄、薄，易倒伏，失去观赏价值。尽可能让水仙多晒太阳，雕刻1周后要放置日照充足处。

### (五)几种水仙雕刻作品制作方法及欣赏

1.“玉壶茗香”(图13-3)

选择一粒鳞茎球，母鳞茎球肥硕，鳞茎面完整洁白，如壶体。留一个与母鳞茎呈90°角的侧鳞茎雕壶提，另一侧的一个侧鳞茎雕壶嘴。

用横切法把母鳞茎球顶端的鳞片剥掉1cm左右，然后用掏心法，保留母鳞茎正中两个芽体和3层以上的外鳞片，把鳞茎球中心的其他鳞片全部掏出来，然后对保留下来的芽体进行雕刻。剥掉芽苞片的1/2，削去叶片宽度的1/3，刮掉花梗表皮2/5至花梗基部，形成低层花，使花朵开放在壶盖上面。

图13-3 “玉壶茗香”

图 13-4 “献瑞”

两个侧鳞茎暂不雕刻，让其自然生长。

浸球后，先把母鳞茎中经过雕刻残留的碎片清除干净，同时在培育过程中球茎内不能积水，以防止鳞片、芽苞片、叶片和花梗霉烂。采用高筒罐培育养根。开花时，把侧鳞茎叶片弯成壶提，可用大头针固定，把另一个鳞茎削成壶嘴，将花朵调整在壶盖上；用4个大小相同的侧鳞茎的外鳞片雕成茶杯，放在茶盘上，即成一套完整的茶具，喜迎贵宾，品尝香茗。

2. “献瑞”(图 13-4)

选择一粒由一大一小两个母鳞茎根盘连接着生，初具葫芦状的鳞茎球。如果一时找不到这种球型，可用一个大侧鳞茎和一个鳞茎球，根盘相对用竹签扎牢，同样可以雕刻培育成型。

首先要确定其观赏面，一般是以芽体的弯向为雕刻面，而背面为观赏面。大鳞茎球采用背刻法，使葫芦底部保留完整的观赏面。小鳞茎球则采用开窗法，目的是一方面控制住葫芦口，保住葫芦上部的观赏面；另一方面使叶片和花莛往背面生长，保持葫芦口的叶片不长得过高，且叶片保持原有厚度，使葫芦嘴匀称饱满。两个侧鳞茎采用基本雕刻法进行雕刻，剥掉鳞片和芽苞片的1/2，削去叶片宽度的1/2。

浸球后，叶片和花莛都向葫芦的背上部生长，已具雏形。按葫芦的坐向竖立水养，根部盖上棉花垂至水中吸水养根。上盆后摆放稍向雕刻面倾斜，促使叶片花莛向观赏面长出。至花苞破裂花瓣变白时，把侧鳞茎的鳞片和芽苞片都剥掉，显得葫芦上部周围葱郁翠绿。水仙花开放在葫芦嘴左右，构成生气勃勃的葫芦献瑞的盆景造型。

3. “水塘惊蟹”(图 13-5)

选择一粒一对侧鳞茎较小，且与母鳞茎呈90°角的鳞茎球。

母鳞茎用“蟹爪水仙”的基本雕刻法进行雕刻，剥掉芽苞片的1/2，削去叶片宽度的1/3，刮花梗成低层花，使花朵开放在叶片上面，两个小侧鳞茎不雕刻，让其自然生长。

培育管理与“蟹爪水仙”类似。开花时把叶片和花朵整理好，装上两个小红球作蟹眼，银根如蟹涎，装在山水盆中，两侧鳞茎的叶端分开，状如塘边螃蟹发觉异常，如临大敌、惊慌失措、张牙舞爪，呈严阵以待之势。

图 13-5 “水塘惊蟹”

## 二、实验指导

### (一)目的

1. 了解水仙的栽培历史及文化。
2. 了解水仙雕刻的原理、技法，掌握水仙雕刻的基本技能及水养方法。
3. 通过雕刻水仙，加深学生对球根花卉内部构造的直观认识和球根花卉造型原理。

### (二)时间与地点

1. 时间
结合水仙球的上市时间，于每年12月至翌年1月进行。
2. 地点
实验室。

### (三)材料与用具

1. 材料
水仙鳞茎。
2. 用具
水仙雕刻刀、脱脂棉。

### (四)内容与操作方法

每位学生独立完成一个水仙鳞茎的雕刻(蟹爪造型)。

1. 蟹爪水仙雕刻

①参考水仙鳞茎挑选的方法自由挑选水仙鳞茎。

②去掉外层的干膜质鳞茎皮、鳞茎盘下面的泥及枯根。

③在主鳞茎盘往上约1cm处横切一刀(注意不可太深，以免伤及花芽)，再在花芽两侧肩部各竖割一刀，切口的下端至横切口为止，随即剥去鳞片，至露出叶芽时为止。

④在露出的叶芽片上用刀尖自上而下削至基部(削去叶缘的1/3～2/3)，使其上狭下宽。鳞茎削去的一侧与未刻伤的一侧间，由于生长不平衡，会使花和叶弯曲向上生长，逐渐长成蟹爪的形状。

2. 水仙养护

①雕刻完成后，将刻过的鳞茎雕刻面朝下放置在水中浸泡一夜。

②用清水冲掉伤口中溢出的黏液，并将伤口盖上潮湿的消毒脱脂棉。

③2～3d后除去棉片上盆水养至开花。

④认真观察雕刻水仙的生长开花状况，对典型生长阶段进行拍照记录，分析其变化原因。

注意事项：操作要小心，避免伤花芽，否则导致哑花；水仙雕刻需要结合造型持续

进行，应边雕、边养、边整型；水仙黏液有毒，雕完要清洗。

## 三、思考与作业

1. 绘制水仙鳞茎 1∶1 剖面结构图，并标注解剖面上各部分名称。
2. 水养观察记录雕刻水仙从水养到开花的时间，就出现的问题进行分析。
3. 如何防止家养水仙叶片长，花梗短的问题?

# 实验14

# 园林花卉品种分类

## ——菊花品种分类

### 一、概述

花卉因其美丽受到人们的普遍关注与重视，人们在品种培育中付出了大量的心血，尤其是我国一些传统名花，栽培历史悠久，品种资源极为丰富。花卉品种分类对花卉品种的开发利用，优良新品种的培育，生产栽培技术的改进，提高花卉科研理论水平和花卉教学等都具有重要意义。

#### （一）品种的含义

品种又称栽培品种(cultivar)，它不是植物分类学单位，是农艺、园艺领域经常使用的术语。它经人工选育而成，是指针对具有特异性、一致性、稳定性的特定性状选择出来、采用适当的繁殖方法可以保持这些特性的植物群体。

栽培品种是人类干预自然的产物，是根据人类的需求，经过长期选择、培育的劳动成果，某品种依据其特性(形态学、细胞学、解剖学、化学等)可以和其他栽培群体相区别，不会因为繁殖而失去其特性。

花卉品种特征主要表现在：观赏性状，如株型(矮生、垂枝、紧密)、叶片大小、色彩、形状、花朵大小、颜色、形状、香味、重瓣性、花期早晚与长短等；适应性，如抗寒性、耐热性、抗病虫、耐旱性等；经济性状，如耐粗放管理、运输性、货架寿命等。其中的大部分性状通常采用营养繁殖才能保持其品种特性。

#### （二）花卉品种分类的方法

目前没有统一的花卉品种分类方法。以观赏性状，特别是花色、花型、花期、花大小等作为分类方法较为常见。

在我国，花卉品种分类方法古已有之。早在宋代欧阳修的《洛阳牡丹记》记载了24个牡丹品种，史铸的《百菊集谱》记载了131个菊花品种，范成大的《梅谱》记载了11个梅花品种。各书中的品种都是采用“分门别类”的简单方法记载与归类。而“分门别类”的依据差别很大。

近现代花卉品种分类方法更多，不同国家、不同学者、不同花卉常有不同的分类方法。除了借鉴传统的比较形态学分类方法，解剖学方法、细胞学方法、植物生物化学方法、数量分类方法、分子生物学方法等都可用于花卉品种分类。由于花卉种及其品种众多，花卉品种分类的目的不同，因此花卉品种分类没有形成植物自然分类的几大系统，即使是同种花卉，由于目的不同，各国其分类原则、依据、方案也都会有较大的差异。表现出花卉品种分类的复杂性。

花卉品种分类是一门古老又充满活力的学问，从研究方法和发展趋势来看，花卉品种分类与植物分类一样，需要在形态描述和比较分析的基础上，综合运用细胞学、孢粉学及分子标记等各种分类方法，相互印证，才能提出科学合理的花卉品种分类系统。

### (三)菊花的品种分类

菊花(*Chrysanthemum morifolium*)又名寿客、黄花、帝女花等，为菊科茼蒿属多年生宿根花卉。菊花叶互生，羽状裂，叶缘有锯齿。顶生头状花序，瓣型花型多样，花色变化丰富，花期长，观赏性强。菊花是重要的园林花卉，也是世界著名的优良盆花和切花。

#### 1. 菊花的栽培历史

菊花是我国的传统名花，最早见于《周礼》一书："鸿雁来宾，爵(雀)入大水变蛤，鞠(菊)有黄华"，至今逾 3000 年。《埤雅》解释："菊本作鞠，从鞠穷也，花事至此而穷尽也"。《礼记·月令》中记载"季秋之月，鞠(菊)有黄华"就以菊花在秋季第三个月开花的物候现象指示月令，反映气候变化规律。到了秦汉时期，菊花已开始作饮食药用。在中国现存最早的药物学专著《神农本草经》中记载了"菊服之轻身耐老"的药用功能。《西京杂记》记载："菊花舒时，并采茎叶，杂米酿之，至来年九月九日始熟，就饮焉，故谓之菊花酒。"当时这种酒称为"长寿酒"，饮用酿造"长寿酒"，逐渐成为民俗。

菊花栽培始于晋唐。东晋诗人陶渊明爱菊成癖，他的名句"采菊东篱下，悠然见南山"咏出了菊花在晋代已向田园栽培、采食、自然观赏栽培过渡。到了唐代，刘禹锡的诗句"家家菊尽黄"说明菊花种植日益普遍，而白居易"满园花菊郁金黄，中有孤丛色似霜"和李商隐"暗暗淡淡紫，融融冶冶黄"的佳句则表明其色彩日渐丰富，观赏价值日益提高。同时，我国菊花栽培技艺及品种传入日本。日本丹羽鼎三在《日本园艺杂志》明治 41 年 5 号中发表文章说"日本的栽培菊花，源于中国，是天平时代(729—749 年)引入的"。之后进一步与日本若干野菊杂交，从而形成了日本栽培菊的系统。

到了宋朝，菊花栽培全面兴起。此时菊花已由自然观赏栽培过渡到盆栽造型鉴赏。"一轩高为黄花设，富拟人间万石君"这样大规模的"赛菊会"逐渐流行。1104 年，世界第一部艺菊专著《刘氏菊谱》问世，该书依菊花花色分类，记载菊花品种 36 个。此后，相继出现了多部菊谱、菊志、菊名篇等艺菊专著。其中《百菊集谱》记载菊花 160 多个品种，包括‘绿芙蓉’、‘墨菊’等珍贵品种。随着菊花颜色的增多、应用面的扩大和转移，花色成为这一时期划分品种的重要依据。

元朝有关菊花的文献很少，但菊花品种仍有增长。菊花栽培在明、清两代进入腾飞阶段，栽培技艺日益提高，品种日趋繁盛。如《本草纲目》记载"菊几百种"，黄省曾《菊

谱》记载菊花品种220个，陈淏子《花镜》记载菊花153种，汪灏《广群芳谱》记载菊花192种，计楠《菊说》记载菊花233种。此时菊花专著中对品种的形状记载更为详尽，对"花型"分类的概念日渐形成。此时开始对菊花花型进行初步分类，称为菊纲，分为带、如意、管、翎、须、针、片等10类(见《谪星笔谈》)。

民国时期，黄艺锡著《菊鉴》(1932)，缪莆孙在《由里山人菊谱》中记载菊花品种130个，南京金陵大学园艺试验场保存了菊花良种630个。

新中国成立后，是菊花走向科学化、现代化和规模化生产发展的时期。近年来，在继承前人经验的基础上，提高栽培技艺，并采用杂交选育、辐射诱变、组织培养等生物科学技术，育成切花菊、夏菊、冬菊以及地被菊、北京小菊等新品种。据统计，全国优质菊花品种有近3000个。此外，在菊花品种分类和起源等研究领域达到前所未有的水平。

### 2. 菊花品种的分类

菊花是世界花卉育种的两大奇观之一，品种多达两三万个，在如此众多品种中，不仅花色各异，而且花型、瓣型、花期、花径、整枝方式及园林应用等方面也有很大差异。为便于菊花的生产、栽培与园林应用，并为菊花的起源、选育等科学研究服务，古今中外对菊花的栽培类型及品种采用多种不同的分类方法，具体因各国情况和不同的分类依据而异。主要分类方案有：

#### 1)按自然花期分类

夏菊　花期6~9月，日照中性，10℃左右花芽分化。

秋菊　花期10月中旬至11月下旬，花芽分化与花蕾发育皆需短日照，15℃以上花芽分化。

寒菊　花期12月至翌年1月，花芽分化与花蕾发育均需短日照，高温下花芽分化。

四季菊　四季开花，花芽分化及花蕾发育日照反应均为中性。

#### 2)按花(序)直径分类(图14-1)

大菊　花(序)径10cm以上。

中菊　花(序)径6~10cm。

小菊　花(序)径6cm以下。

常将大菊与中菊并称大、中菊，而小菊则自成一类。因为小菊染色体多较少(36~

**图14-1　菊花按花径大小分类**

1. 大菊　2. 中菊　3. 小菊

54)，大、中菊则较多(54～75)，并且大、中菊之间实无明显不变的界限，常受整枝、去蕾及栽培条件的影响而相互转变。

3)按整枝方式和应用类型(菊艺)分类

菊花以通过不同整枝方式并结合嫁接形成不同的艺术造形(图14-2)。

**图14-2 菊花按整枝方式和用途分类**

1. 独本菊 2. 大立菊 3. 悬崖菊 4. 案头菊 5. 塔菊 6. 菊艺盆景 7. 地被菊

独本菊 又称标本菊，一株一茎一花，能充分表现品种的优良性状。

立菊 一株多干数花，通常留花3～5朵，多者7～9朵。

大立菊 一株数百至数千朵花，为生长强健、分株性强、枝条易于整形的大、中菊品种。

悬崖菊 分枝多、开花繁密的小菊通过整枝修剪，整个植株体呈悬垂的自然姿态。

嫁接菊 以白蒿或黄蒿为砧木嫁接的菊花，在一株上嫁接各种花色和花型的菊花。

案头菊 与独本菊相似，但低矮(株高仅20cm左右)，花朵硕大，多用作桌面摆设。

塔菊 通过嫁接及整形修剪，形成塔形株型。

菊艺盆景 由菊花制作的桩景或菊石相配的盆景。

切花菊 专门用作切花的菊花，根据用途不同可分为独头大花型和多头小花型两种。

地被菊 分枝多、开花繁密、适于用作地被的小菊。

4)按瓣形及花型分类

通常观赏的一朵菊花，实际是一个头状花序，由舌状花和管状花两种不同的小花组成。舌状花一般都进化成单性花(只有雌蕊)，外形像一朵花的花瓣，着生在花托上，从边缘层叠至中心，习惯上称为边花。管状花则像一朵花的花蕊，通常聚集在花序中央，

俗称盘心花。因此菊花的每一个“花瓣”或“花蕊”实际就是一朵小花。菊花的舌状花越发达，管状花越少，甚至全部消失，致使花序呈球形；相反，管状花伸长，舌状花就渐少，甚至全部消失，致使花序呈全托桂型。

菊花的舌状花形大色艳，变化多端，因此园艺习惯按其形态分为平瓣、匙瓣、管瓣、桂瓣和畸瓣五大类(图14-3)。

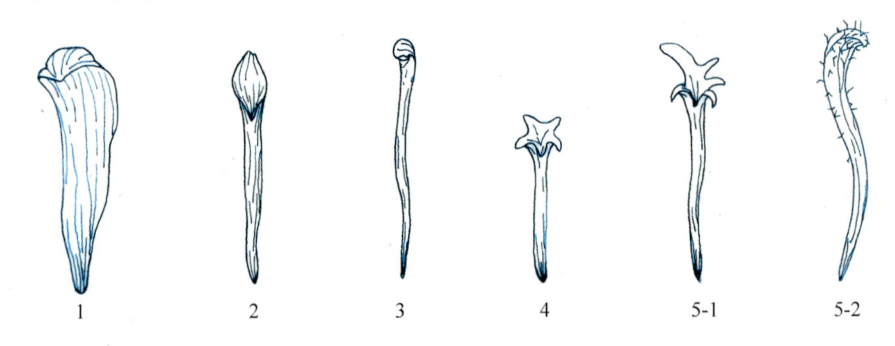


**图14-3 菊花瓣形**(引自北京林业大学园林系花卉教研组)

1. 平瓣 2. 匙瓣 3. 管瓣 4. 桂瓣 5-1. 畸瓣 5-2. 畸瓣

平瓣类 花瓣2/3以上全部开展，仅基部结合。

匙瓣类 花瓣基部2/3结合成管，上部开裂或成匙状。

管瓣类 花瓣基本全部结合成管状，管端开裂或闭合。

桂瓣类 盘心管状花发达，管端呈不规则开裂。

畸瓣类 舌状花畸形，或有毛刺，或呈剪绒状不规则尖裂等，盘心花正常。

以上是舌状花的几种基本类型，其长、宽、粗细、伸曲扭旋，皆因品种而异，变化万千。

菊花花型千姿百态，其构成取决于花瓣的数量和形态的变化，及其在花托上的排列方式等。关于菊花品种花型分类曾有多种方案，对于大菊的品种分类，目前比较认可的是中国园艺学会、中国花卉盆景协会于1982年在上海菊花品种分类学术会议上的方案，该方案针对花序直径在10cm以上晚秋菊品种分类，把菊花分为5个瓣型，包括30个花型和13个亚型，具体如下。

**第一类：平瓣类**

①宽带型(图14-4) 舌状花1~2轮，花瓣较宽展，花瓣可拱，端卷曲，筒状花序发达，显著外露。有2个亚型：平展直伸者为平展亚型，下垂飘逸者为垂带亚型。常见品种有‘帅旗’、‘白十八’、‘粉十八’、‘锦袍元帅’、‘赤绶金章’。

②荷花型(图14-5) 舌状花3~6轮，花瓣宽厚，排列疏松内抱，全花外形整齐，略呈扁球状，外形似荷花。筒状花显著，盛开时外露。品种有‘墨荷’、‘熏风荷香’、‘军旗’、‘紫云如意’、‘金荷’、‘玉壶春’、‘江枫渔火’等。

③芍药型(图14-6) 舌状花多轮，花瓣直伸，内外轮瓣近等长。花瓣丰满，全型顶部稍平呈扁球状。筒状花稀少，盛开时不露或微露。常见品种有‘金背大红’、‘春风面’、

图 14-4　平瓣类宽带型 *

图 14-5　平瓣类荷花型

图 14-6　平瓣类芍药型

‘牡丹之歌’、‘绿牡丹’、‘朱红牡丹’、‘朱墨双辉’、‘云红芍药’、‘墨芍药’、‘艳阳春光’、‘玫红巧姣’等。

④平盘型(图 14-7)　舌状花多轮，花瓣狭直，外轮花瓣长，向内层层渐短，有时内

* 本实验图片除注明外，其余均引自薛守纪著的《中国菊花图谱》。

图 14-7 平瓣类平盘型

轮花内抱，全花顶部稍扁如盘状。筒状花正常，盛开时不露或半露。品种有‘玛瑙盘’、‘雨润葵黄’、‘桃柳春意’、‘唐宇风华’、‘黄金盘’等。

⑤翻卷型(图14-8) 舌状花多轮，外轮花瓣向下反抱，花瓣背面向内翻卷，内轮花瓣向心合抱或乱抱，整个花型外翻内卷。筒状花稀少，盛开时不露或微露。品种主要有‘永寿墨’、‘鸳鸯荷’、‘新二乔’、‘卖炭翁’、‘紫旋胭脂’、‘天鹅舞’、‘锦绣鸳鸯’、‘莲台佛座’等。

图 14-8 平瓣类翻卷型

⑥叠球型(图14-9) 舌状花重轮，外轮花瓣间有匙瓣或管瓣，各瓣长短整齐，绝大多数花瓣内曲，排列紧密整齐呈球形，可作正抱、追抱、乱抱等不同形式的向心合抱。盘心花盛开时不外露。主要品种有‘一捧雪’、‘风清月白’、‘雪涛’、‘莹静琼华’、‘太白积雪’、‘百炼金刚’、‘光辉’、‘君子玉’、‘黄鹤楼’、‘玉堂金马’、‘长安烟火’、‘金碧辉煌’、‘唐宇秋色’、‘沉香台’、‘红梅阁’、‘粉妆楼’等。

**第二类：匙瓣类**

⑦匙荷型(图14-10) 舌状花1~3轮，多为短匙瓣，呈船型，内曲或合抱，或平伸展开。全花整齐，顶部稍平呈扁球型。筒状花正常，开时外露。品种有‘骄阳风荷’、‘紫蟹爪’、‘灰鸽’、‘乾坤带’、‘桃花村’等。

⑧雀舌型(图14-11) 舌状花多轮，外轮狭匙瓣直伸，匙片扩大，端尖型如雀舌。筒

图 14-9　平瓣类叠球型

图 14-10　匙瓣类匙荷型

状花发达或稀少，盛开时外露。品种有'瑶台玉凤'、'紫雾凝霜'、'点绛唇'、'雄鸡唱晓'、'春风得意'等。

⑨蜂窝型(图14-12)　舌状花多轮，短匙瓣，诸多花瓣近直立，排列整齐，露出花瓣口。全花成球状，形似蜂窝。筒状花稀少或缺，盛开时不外露。品种有'晨舒霜羽'、'蜜蜂藏洞'、'绣花婆'等。

⑩莲座型(图14-13)　舌状花多轮，外轮较长，内轮较短，所有花瓣向内弯曲，排列

图 14-11　匙瓣类雀舌型

图 14-12　匙瓣类蜂窝型

图 14-13　匙瓣类莲座型

整齐，疏松或紧密合抱。整个花型稍扁，形似莲座，筒状花正常，开时外露。品种有‘映日青荷’、‘火焰红莲’、‘紫气东来’等。

⑪卷散型(图 14-14)　舌状花多轮，多为狭长匙瓣，内轮间或有平瓣，外轮间或有管瓣。内轮向心合抱，外轮长而散垂，花型内卷外散，筒状花不发达，盛开时微露。品种有‘长风万里’、‘大风歌’、‘山舞银蛇’、‘金龙腾空’、‘薄荷香’、‘风吹仙袂’、‘醒狮图’、‘轻歌曼舞’、‘红楼万卷’、‘福寿舞’、‘金风万里’、‘嫦娥奔月’、‘贵妃醉酒’等。

图 14-14　匙瓣类卷散型

**图 14-15　匙瓣类匙球型**

⑫匙球型(图 14-15)　舌状花重轮，多中匙和短匙瓣，内轮间或有平瓣，外轮间或有管瓣。各瓣内曲，排列整齐，紧密合抱呈球型，也有外轮长匙瓣或管瓣飘散下垂。筒状花稀少或不发达，盛开时少有外露。品种有‘女王冠’、‘秀山皑雪’、‘古今殿’、‘卢沟晓月’、‘雪罩红梅’、‘青云直上’、‘螺髻’、‘仙露蟠桃’、‘太液芙蓉’。

**第三类：管瓣类**

⑬单管型(图 14-16)　舌状花 1～3 轮，多为粗管或中管，间或有长匙瓣，筒状花显著，外露。分 2 个亚型，各瓣平伸四射者为辐芒亚型，各瓣下垂者为垂管亚型。品种有‘月明星稀’等。

**图 14-16　管瓣类单管型**

⑭翎管型(图 14-17)　舌状花多轮，粗管或中管直伸，内外轮花瓣近等长，不抱不卷，整个花型似松散的半球或球形，筒状花稀少或缺如，盛开时不外露。品种有‘黄香梨’、‘玉箫金管’、‘香白梨’等。

⑮管盘型(图 14-18)　舌状花多轮，多为粗管或中管，内轮间或有匙瓣，外轮花瓣长而直伸，内轮较短，向心合抱。顶部近平，全花稍扁，筒状花稀少，盛开时微外露。分 2 个亚型，花型中心稍凹下者为钵盂亚型，管瓣端部弯曲者为抓卷亚型。品种有‘紫宸殿’、‘山高水长’、‘碧空霜降’、‘桃红柳绿’、‘生龙活虎’、‘春水绿波’、‘芦花月影’、‘汴梁绿翠’、‘大奖章’、‘松鹤延年’、‘海天霞’、‘百鸟朝凤’、‘雨花台’等。

图 14-17　管瓣类翎管型

图 14-18　管瓣类管盘型

⑯松针型(图 14-19)　舌状花多轮，管细长如松针，直伸，各瓣近等长，如松针束，全花半球形，筒状花稀少或缺，盛开时不外露。品种有'粉松针'、'雪压青松'、'白松针'、'秀玉松针'等。

⑰疏管型(图 14-20)　舌状花多轮，中粗管，内外轮花瓣近等长，疏松直伸或下垂。筒状花稀少，开时不外露。品种有'战地黄花'、'千尺飞瀑'等。

⑱管球型(图 14-21)　舌状花重轮，中径管瓣，稍短，弯曲不整，各瓣向心紧抱，全型呈球状。筒状花稀少或缺如，盛开时不外露。品种有'粉夔龙'、'黄夔龙'。

图 14-19　管瓣类松针型

图 14-20　管瓣类疏管型

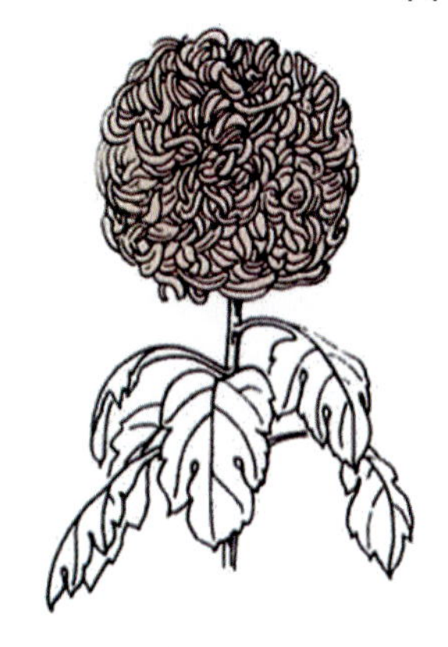

图 14-21　管瓣类管球型

⑲丝发型（图 14-22）　舌状花多轮或重轮，管瓣细长，柔弱，下垂、弯曲或扭捻，筒状花稀少或缺如，不外露。管瓣细长，大部分平顺仅弯垂者为垂丝亚型；管瓣细长，多不规则扭曲者为扭丝亚型。品种有‘十丈珠帘’、‘白发千丈’、‘春风化雨’、‘秀发披肩’等。

⑳飞舞型（图 14-23）　舌状花多轮至重轮，多为较粗的管瓣花，各瓣疏松，卷展不定，参差不齐，姿态潇洒。外轮长飘垂，内轮渐短内抱。筒状花不发达，盛开时微露或不外露。粗径长管下部直伸，端部弯大钩者形似鹰爪，称鹰爪亚型；外轮管瓣，散出或

图 14-22　管瓣类丝发型

下垂，内轮管瓣合抱似蝴蝶飞舞者为舞蝶亚型。品种有‘玉笙寒’、‘舞影凌乱’、‘唐宇秋景’、‘礼花’、‘懒梳妆’、‘洛神’、‘醉卧湘云’、‘鹏程万里’、‘怒狮吼风’、‘羽化登仙’、‘羽衣霓裳’、‘天魔舞’、‘鸾凤和鸣’、‘瀑布生烟’、‘九天银河’等。

图 14-23　管瓣类飞舞型

㉑钩环型(图 14-24)　舌状花多轮，粗径及中径管瓣，内轮间或有匙瓣，管瓣端部弯曲呈钩或环状。筒状花稀少或正常，盛开时外露或微露。分云卷亚型和垂卷亚型。品种有‘玉环飞舞’、‘金钗彩凤’、‘林晴清辉’、‘露结彩霞’、‘畔江红树’、‘绿云’、‘藤垂万穗’、‘古鼎金环’、‘龙蟠蛇舞’、‘泥金九连环’、‘檀香套环’、‘绿水长流’、‘锦上添花’等。

图 14-24　管瓣类钩环型

㉒璎珞型(图 14-25)　舌状花多轮，细管长直如针，辐射直伸或下垂，瓣端具弯钩但不卷曲。筒状花稀少或缺如，不外露。品种有‘光芒万丈’、‘太白醉酒’、‘白鹤银针’、‘阳炙’、‘美女樱’等。

㉓贯珠型(图 14-26)　舌状花重轮，细管，瓣端皆紧卷成小环如珠，外轮花瓣长，或直或弯，皆下垂；内轮管瓣较短。筒状花稀少或缺如，不外露。品种有‘香罗袋’、‘金丝垂珠’、‘天宇金珠’、‘孔雀开屏’、‘飞珠散霞’等。

**第四类：桂瓣类**

㉔平桂型(图 14-27)　舌状花为平瓣，1～3 轮。筒状花变为桂瓣，甚显著。品种有

图 14-25　管瓣类璎珞型

图 14-26　管瓣类贯珠型

图 14-27　桂瓣类平桂型

'天女散花'、'芙蓉托桂'、'银盘托桂'、'状元托桂'等。

㉕匙桂型(图 14-28)　舌状花为匙瓣，1～3 轮。筒状花变为桂瓣，甚显著。品种有'大红托桂'、'金簪托桂'、'红簪托桂'等。

㉖管桂型(图 14-29)　管状花为匙瓣，1～3 轮。筒状花变为桂瓣，甚显著。品种有'银钗托桂'、'乘龙托桂'、'桂殿兰宫'等。

㉗全桂型　无舌状花或仅具一轮退化舌状花，全部花瓣显著变为桂瓣状筒状花。品种有'桂鉴'、'金雀声喧'等。

**图 14-28　桂瓣类匙桂型**

**图 14-29　桂瓣类管桂型**

**第五类：畸瓣类**

㉘龙爪型(图 14-30)　舌状花数轮或多轮，一般为管瓣，也有匙瓣或平瓣品种，端部枝裂呈爪状或劈裂呈流苏状。筒状花正常或稀少。品种有‘千手观音’、‘龙飞凤舞’、‘墨蟹’、‘梦笔生花’、‘彩龙爪’、‘金龙爪’、‘银龙闹海’、‘苍龙爪’、‘朱紫蛟龙’等。

㉙毛刺型(图 14-31)　舌状花可为各种瓣类，轮数不定，瓣上密生有细短毛或硬刺，筒状花正常或稀少。品种有‘蜜献蜂忙’、‘锦毛狮子’、‘红毛刺’、‘冰天雪莲’、‘瑞雪丰年’、‘麻姑献瑞’、‘绿毛龟’、‘白毛仙姑’、‘白毛刺’等。

**图 14-30　畸瓣类龙爪型**

**图 14-31　畸瓣类毛刺型**

**图 14-32　畸瓣类剪绒型**

㉚剪绒型（图 14-32）　舌状花多轮或重轮，狭平瓣，瓣端细裂如剪绒，有的各瓣交搭似绒球。筒状花正常或稀少。品种有‘锦黄球’、‘金绣球’、‘金绒葵’、‘粉剪绒’等。

除以上的几种分类方案外，菊花品种的分类还有根据花抱即菊花舌状花冠相围合的变化状态进行分类；根据叶形分类，这是艺菊栽培者识别并分类菊花品种的主要依据之一；此外，还有根据花色等多种品种分类方案。

## 二、实验指导

### （一）目的

1. 了解菊花品种分类的主要方法。
2. 了解我国菊花的栽培历史和菊展形式。
3. 直观体会并比较不同菊花品种分类方案的适用范围、受用对象。
4. 建立花卉品种分类的意识，初步掌握菊花按瓣形和花型分类的方法，能参照其分类标准对菊花品种进行正确分类。

### （二）时间与地点

根据本地区菊展开始时间具体安排。

### （三）内容与操作指导

1. 到菊展地点了解当地菊展历史、布置形式等，观察分析菊花专类花展的特点及其表现形式，花文化在花展中的应用等。

2. 解读菊花花型分类方案内容。依照分类方案，实地查找各类型品种。

3. 学生2人一组，对教师指定的不同盆栽菊花进行观察、拍照，重点观测记录有关分类指标，按3种不同分类方案进行归类。

## 三、思考与作业

1. 观察比较各类菊花分类方案的适用范围。

2. 按不同分类方案收集菊花品种资料，撰写实习报告。

3. 收集不同整枝方式、应用形式和花型的菊花照片，进行资料积累。

# 实习15 春季露地花卉识别

## 一、概述

园林花卉识别在园林花卉的学习中占有重要的地位，是栽培和应用的前提和基础。只有认识、熟悉园林花卉的观赏特性、生态习性及应用特点，才能灵活应用不同种类进行组合和设计，创造出丰富多彩的景观效果。因此，园林花卉识别的不足不仅影响深入学习的兴趣，也直接影响学习效果和未来应用花卉的能力。

露地花卉是指整个生长发育周期可以在露地进行的花卉。实际栽培中有些露地花卉冬季也需要简单的保护，如使用阳畦或覆盖物等。这类花卉因其能够直接露地栽培，是园林中应用最广的花卉种类。露地花卉花色丰富、种类繁多，大量应用于花坛、花境、种植钵、花丛等形式。

经过整个严冬的准备，春天，植物迎来了复苏的季节。春季是植物生命之花绽放最为灿烂的时节，“万紫千红总是春”是春景的直接写照。春季开花的植物种类之多是其他3个季节所无法比拟的。在春季开花的植物中，园林花卉以其鲜艳的色彩、细腻的质感和繁多的种类在春季园林景色的构成中占有重要地位，因此，园林花卉春季识别是专业学习中植物识别的重要内容之一。

### （一）北京地区常见春季露地开花花卉种类

1. 一、二年生花卉

春季开花的露地花卉主要是二年生花卉和多年生作二年生栽培的花卉。包括部分温室栽培、春季移栽在室外观赏的一年生花卉。常见的有矮牵牛、四季秋海棠、毛地黄、雏菊、金鱼草、柳穿鱼、紫罗兰、桂竹香、屈曲花、石竹、须苞石竹、羽衣甘蓝、红叶甜菜、香雪球、花菱草、花烟草、虞美人、大花三色堇、角堇、白晶菊、黄晶菊、金盏菊、异果菊、南非万寿菊、花环菊、木茼蒿、旱金莲、美女樱、非洲凤仙、孔雀草、万寿菊、粉萼鼠尾草、银叶菊、天竺葵、盾叶天竺葵、糖芥、芒颖大麦草等。

2. 宿根花卉

常见的春季开花的宿根花卉有杂种耧斗菜、荷包牡丹、冰岛罂粟、常夏石竹、珠果

黄堇、紫堇、大花飞燕草、法氏荆芥、德国鸢尾、鸢尾、蝴蝶花、黄菖蒲、马蔺、六倍利、丛生福禄考、白屈菜、紫花地丁、美丽月见草、匍匐筋骨草、海石竹、宿根亚麻、绵毛水苏、紫露草、玉竹、金叶景天、反曲景天、白草、玉带草、丽蚌草、蓝羊茅、日本血草、赤胫散、活血丹、蓝花赝靛、箱根草、'紫雾'荆芥、早开堇菜等。

3. 球根花卉

春季开花的球根花卉大多为不耐炎热的秋植球根，包括郁金香、水仙、喇叭水仙、红口水仙、葡萄风信子、大花葱、花贝母、番红花、花毛茛、铃兰、白头翁、白及、红花酢浆草、雪滴花、朱顶红、老鸦瓣、虾夷葱等。

**(二)北京地区春季露地开花花卉部分种类特征简述**

除了《园林花卉学》(第4版，刘燕主编)中描述的种类，北京地区春季可见的露地花卉还有如下种类。

**(1)【麦仙翁】*Agrostemma githago***

科属　石竹科麦仙翁属

形态特征　二年生花卉，株高30~80cm。茎直立，单一或分枝。叶对生，条形，长3~13cm，宽2~10mm，两面均有白毛，背面中脉凸起。花大，径约3cm，具长梗，单生于茎顶及枝端。花紫红或淡紫色。花萼圆筒形，长1.5~2cm，外面被长柔毛，有10条凸起的脉，花后花萼加粗，裂片5，线形，长达3cm。花期5~6月(见彩插)。

生态习性　喜冷凉，耐寒，并耐干旱瘠薄。适应性强，能自播繁衍。

园林用途　花大而美，适用于花境、岩石园、野生花园丛植或片植，也可用于切花等。

**(2)【匍匐筋骨草】*Ajuga reptans***

科属　唇形科筋骨草属

形态特征　多年生花卉，株高20~40cm。茎四棱状，具匍匐茎和直立茎，茎节有气生根。叶对生，卵状椭圆形或狭椭圆形，边缘具粗锯齿，先端钝圆，基部楔形，叶面有皱褶，生长季节绿中带紫，入秋后叶片紫红色。轮伞花序生于枝顶，花密生，花冠紫色，具有蓝色条纹，二唇形。花期为4~5月和10~12月(见彩插)。

生态习性　多生长于山谷溪旁，阴湿地或林下。喜光，耐半阴、耐寒，喜温和湿润气候，喜湿润、肥沃的土壤。

园林用途　适宜种植于灌木丛间、稀疏林下做地被植物，达到黄土不露天的效果。2002年杭州西湖南线绿化改造工程中大量引用该品种，取得很好的效果。也可用于花境、岩石园等。

**(3)【虾夷葱】*Allium schoenoprasum***

科属　百合科葱属

别名 细香葱、欧葱

形态特征 多年生草本，丛生，株高30～40cm。鳞茎小，白色，不明显。叶基生，管状，叶片薄，深绿色，常略带白粉；花莛自叶丛抽出；与叶等长或稍长于叶；头状花序顶生，直径3～5cm；花多数，粉红至紫色。花期4～6月(见彩插)。

生态习性 耐旱、耐寒、喜光且耐半阴、忌热、忌涝，适合湿润、肥沃的土壤。

园林用途 早春开花繁多，花紫色球状，怒放时就像很多紫色小球挂在植株顶端，极其漂亮。适宜花境、岩石园及混合栽植。花、叶皆可入菜食用。

**(4)【海石竹】*Armeria maritima***

科属 白花丹科(蓝雪科)海石竹属

形态特征 多年生花卉，植株低矮，呈丛生状，株高15～30cm。叶线状长剑形，密生于基部，富有亮蓝绿色光泽。头状花序顶生；花茎细长，小花聚生于花茎顶端，呈半圆球形，花径约3cm；花色有紫红、粉、白、玫瑰红色等。春季开花(见彩插)。

生态习性 性喜阳光充足及排水良好的砂质土壤，耐盐碱，原本是生长在海边的花。忌炎热多雨、排水不畅环境。生长适温为15～25℃，北京地区需要保护越冬。花谢后，应及早剪除残败花莛，可促开花不断。

园林用途 花姿小巧可爱，花色鲜艳，小花聚生呈密集的球状，群植可形成非常美丽的景观。其株丛呈低矮辐射状的圆形，是良好的地被植物与镶边材料，适用于庭院步石、小径、阶旁、岩石园缝隙及花境中混植，亦可小盆栽观赏。

**(5)【春黄菊】*Anthemis tinctoria***

别名 西洋菊、洋甘菊

科属 菊科春黄菊属

形态特征 多年生花卉，株高30～60cm。茎直立，具条棱，上部常分枝，被白色疏棉毛。叶2回羽状裂，缘有锯齿，气味强烈。头状花序，顶生，直径4cm左右，舌状花金黄色，管状花黄色。花期5～7月(见彩插)。

生态习性 原产于欧洲。性耐寒，喜凉爽，要求光照充足，喜排水量好的肥沃砂质土壤。

园林用途 良好的花境、花坛材料，也适宜公路、林缘成片种植，还可盆栽或作切花。

**(6)【蓝花赝靛】*Baptisia australis***

科属 蝶形花科赝靛属

别名 赛靛花、澳洲蓝豆

形态特征 多年生宿根花卉，茎直立，高50～100cm。三出复叶互生，小叶倒卵形，新叶翠绿色，后转为灰绿色。总状花序长20～30cm，小花达30～50朵，蓝紫色。荚果在花后2～3周迅速发育膨大。花期4～5月，果期6～7月(见彩插)。

生态习性　耐寒；喜冷凉，排水良好，通风，阳光充足的地方，忌闷热潮湿环境。

园林用途　株形挺拔优美，花序纤长饱满，单花花期约一周，群体花期20d左右，花色明净清澈，果实奇特有趣，观赏价值高，是优良的焦点花卉，可单独种植，也可成片种植或应用于花境中。可用作染料植物，用于提取和制作蓝色染料。

**(7)【岩白菜】*Bergenia purpurascens***

别名　岩壁菜、石白菜、岩七

科属　虎耳草科岩白菜属

形态特征　多年生花卉，株高30～45cm。地下具粗壮根状茎，紫红色，节间短。叶基生，肥厚而大，倒卵形或椭圆形，叶色深绿，低温则变成红色。花茎长约25cm，蝎尾状聚伞花序；有花6～9朵，花瓣5，白色或玫瑰红色。花期4～5月(见彩插)。

生态习性　喜温暖、湿润和半阴环境，耐寒性强，怕高温和强光，不耐干旱。

园林用途　适用于草坪、林缘、路边丛植或片植，水边花境配置，或栽植于岩石园点缀，也广泛用作地被植物，还可盆栽观赏。

**(8)【红叶甜菜】*Beta vutgaris* var. *cicla***

别名　紫叶甜菜

科属　藜科甜菜属

形态特征　多年生花卉，多作一、二年生栽培，株高30～40cm。叶在根颈处丛生，叶片长圆状卵形，全绿、深红或红褐色，肥厚有光泽。花茎自叶丛中间抽生，高约80cm，花小，单生或2～3朵簇生叶腋(见彩插)。

生态习性　喜温凉气候，喜光，耐寒。适应性强，对土壤条件要求不严。怕水淹。

园林用途　生长健壮，叶片宽大，叶(尤其叶柄)色美丽呈红褐色，有光泽，是冬春季花坛配色、庭院绿化、家庭盆栽等不可多得的观叶植物，也可作蔬菜食用。及时剪掉花穗，防止其开花，延长观叶时间。

**(9)【桂竹香】*Cheiranthus cheiri***

别名　香紫罗兰、黄紫罗兰

科属　十字花科桂竹香属

形态特征　多年生花卉，常作二年生栽培，株高35～50cm。茎直立，多分枝，基部半木质化。叶互生，披针形，全缘。总状花序顶生，花瓣4，具长爪，花橙黄色或黄褐色、两色混杂，有香气。果实为长角果。花期5月(见彩插)。

生态习性　喜阳光充足、凉爽的气候。较耐寒，在长江流域以南地区可露地越冬，华东、华北地区可在阳畦保护下过冬。适宜疏松、肥沃、排水良好的土壤，忌酷暑，畏涝，雨水过多生长不良。桂竹香栽培管理较粗放，早春开花后剪去残花枝，及时追施，9～10月可再次开花。

园林用途　花色金黄浓艳，又具芳香，高矮品种齐全，是春季优良的花坛、花境材

料，亦可作盆栽观赏。

**(10)【白屈菜】*Chelidonium majus***

别名 山黄莲、牛金花、断肠草

科属 罂粟科白屈菜属

形态特征 多年生花卉，株高50~80cm，含橘黄色乳汁。茎直立、细弱，多分枝，有白粉，具白色细长柔毛。叶互生，1~2回羽状裂，边缘具不整齐缺刻，叶片正面绿色，背带白色，具毛。伞形花序，花梗长短不一；花瓣4，黄色，两面光滑。蒴果长角形，灰绿色。花期4~8月，果期6~9月(见彩插)。

生态习性 耐寒性强，喜阳光也耐半阴。要求排水良好的土壤。

园林用途 适用于花境配置，林缘坡地片植，路边丛植，粗管区栽植及野生花园中应用。

**(11)【花环菊】*Chrysanthemum carinatum***

别名 三色菊

科属 菊科茼蒿属

形态特征 一、二年生花卉，株高60~90cm，茎直立多分枝，茎叶肥厚光滑。叶互生，2回羽状中裂，叶片线形。头状花序，花径6cm；舌状花基部或先端带有红、白、黄、褐红色形成二轮环状色彩。花期4~6月(见彩插)。

生态习性 原产于摩洛哥。喜夏季凉爽，不耐寒，适生温度15~25℃。为喜光植物，也较耐阴。忌酷暑水涝，要求深厚、肥沃、排水良好的土壤。

园林用途 花色新颖多样，花期长，是春季花境、片植的良好材料，也可盆栽观赏或作切花材料。

**(12)【异果菊】*Dimorphotheca sinuata***

科属 菊科异果菊属

形态特征 一年生花卉，株高30cm。自基部分枝，多而披散。枝叶有腺毛，叶互生，长圆形至披针形，边缘有深波状齿。头状花序，花径约4cm；舌状花橙黄色，有时基部紫堇色；管状花黄色。花期4~6月(见彩插)。

生态习性 喜温暖，不耐寒，长江以北地区均需保护越冬。忌炎热。喜阳光充足、土壤疏松、排水良好的生境。在良好的环境条件下，能自播繁衍。花在晴天开放，午后逐渐闭合。

园林用途 花大而多，色彩艳丽。常作春季花坛材料或布置花境和岩石园，也可盆栽。

**(13)【糖芥】*Erysimum bungei***

科属 十字花科糖芥属

形态特征　一年或二年生草本，高30～60cm。茎直立，不分枝或上部分枝。叶披针形或长圆状线形，基生叶长5～15cm。总状花序顶生，花多数；花橘黄色，小花直径2～3cm，有细脉纹。长角果线形，稍呈四棱形。花期6～8月，果期7～9月(见彩插)。

生态习性　耐寒，喜光稍耐阴。喜冷凉干燥的气候和排水良好、疏松肥沃的土壤。

园林用途　花期长，花色明亮醒目，是极佳的天然场地、道路边坡和庭院用植物。也可用作花境，但夏季花后观赏价值下降，需用一年生或生长迟缓的多年生植物填补空隙。

**(14)【金苞大戟】*Euphorbia polychroma***

别名　多色大戟

科属　大戟科大戟属

形态特征　多年生花卉，株高30～50cm。枝叶簇生，分枝多，株丛半球状。叶长卵圆形，嫩绿色；也有花叶品种。聚伞花序，杯状苞片黄绿色，观赏性强。花期4～7月。茎叶中的汁液有毒(见彩插)。

生态习性　原产于欧洲。喜阳光充足环境，较耐寒，亦耐旱，对土壤要求不严，以土层深厚、疏松、肥沃、排水良好的砂质壤土栽培为佳。

园林用途　株丛圆整，色泽翠绿，苞片亮黄色形似花朵，花叶兼美，观赏价值极高，适用于花境前缘配置，岩石园、墙园及高台栽植，也可用于建筑台阶旁、庭院点缀栽植。

**(15)【活血丹】*Glechoma longituba***

别名　连钱草、佛耳草、金钱草

科属　唇形科活血丹属

形态特征　多年生花卉，高10～30cm。具匍匐茎，四棱形，逐节生根。叶草质，对生，心形或近肾形，脉隆起，缘有钝齿。轮伞花序，通常2，稀4～6；花萼筒状，花冠淡蓝色或紫色。花期4～5月(见彩插)。

生态习性　适应性强，喜光，也耐阴，干旱、湿润之地均生长良好。

园林用途　植株低矮，生长势强，花叶兼赏，是优良的地被材料，可用于坡地、林下、水边及粗放管理区栽植。

**(16)【箱根草】*Hakonechloa macra***

科属　禾本科箱根草属

别名　知风草

形态特征　多年生草本，株高20～40cm，呈匍匐喷泉放射状。茎拱曲。叶狭窄，长三角形至披针形，亮黄色，具乳白与绿色条纹，秋季叶色逐渐变红，宿存至冬季。深秋抽生微红褐色的花梗(见彩插)。

生态习性　耐寒，喜半阴，适宜种植在湿润且排水良好、肥沃、富含腐殖质的土壤中。

园林用途　株形独特，叶色明亮，为优良的岩石园、阴生地被和花境材料，也适宜

盆栽观赏。

**(17)【嚏根草】*Helleborus niger***

别名　铁筷子、圣诞玫瑰

科属　毛茛科铁筷子属

形态特征　多年生花卉，株高30~45cm。茎直立丛生，基生叶1~2枚，革质肥厚，具长柄，叶片鸟足状分裂，茎生叶较小，无柄或有鞘状短柄，3回全裂。花单生，有时2朵顶生，花有白、绿、紫、黑紫等色，有许多还带有斑点、条纹；萼片5，绿色，基部有粉红色晕，花后萼片宿存，在植株上可长达几个月。花期1~4月(见彩插)。

生态习性　喜温暖、湿润、半阴环境，稍耐寒，北京地区需要保护越冬。忌干冷。在疏松、肥沃、排水良好的砂质土壤中生长最佳。

园林用途　植株低矮，花虽不引人注目，却别有特色。冬末初春开花则决定了它在冬季花境中无可替代的地位。同时，嚏根草是一种自然之美，稍带着野趣，非常适于自然式庭院栽培，也可布置岩石园。

**(18)【芒颖大麦草】*Hordeum jubatum***

科属　禾本科大麦属

形态特征　二年生草本植物，株高30~45cm。秆丛生，平滑无毛。叶鞘下部长于节间，中上部短于节间；叶片扁平，粗糙。穗状花序柔软，绿色或稍带紫色，长约10cm。芒多而细长。花期5~6月(见彩插)。

生态习性　喜光，喜凉爽，不择土壤，耐盐碱能力强。

园林用途　姿态优美，小穗轻柔摇曳，绿中略带粉紫色，观赏价值高，适于庭院、种植钵栽培或作切花应用。营养含量较高，是一种良好的牧草。

**(19)【屈曲花】*Iberis amara***

科属　十字花科屈曲花属

形态特征　一、二年生花卉，株高30~50cm，疏生柔毛。叶较小，狭长，倒披针形至匙形，边缘粗糙有齿。总状花序，初开时密集呈伞房状，小花十字形，花瓣不等长。花有白色、粉色、浅蓝色等，芳香。变种有风信子花型、大花型及矮小型(高仅10cm)。角果扁平。最佳观赏期4~6月(见彩插)。

生态习性　较耐寒，忌炎热，喜向阳、排水好的壤土。

园林用途　极具野趣的冷色调小花，是布置花境、组合盆栽、岩石园、草地边缘的良好材料。因其生命力、自播力较强，也适作各类野花组合。

同属其他种如下。

**(20)【石生屈曲花】*Iberis saxatilis***

与株形较大的常青屈曲花(*Iberis sempervirens*)相同，是两种铺地生长、常绿、多年

生、开白花的屈曲花属花卉，均产于欧洲南部空旷地区，并在庭园广泛栽培。

**(21)【伞形屈曲花】*Iberis umbellata***

一、二年生花卉，株高40cm，叶片狭长，其花序形扁，粉红、紫堇色、白色、紫色或红色，夏末开花。

**(22)【柳穿鱼】*Linaria vulgaris***

科属　玄参科柳穿鱼属

形态特征　多年生花卉，常作二年生栽培，株高30～80cm。茎圆柱形，纤细。叶对生，下部叶轮生，条形至条状披针形，长3～8cm，全缘。总状花序顶生，小花密集，花冠唇形，基部延伸为距。花色有红、黄、白、雪青、青紫等色。花期4～6月(见彩插)。

生态特性　原产于欧亚大陆北部温带，生于沙地、山坡草地及路边。喜光，耐寒，不耐酷热。宜中等肥沃、湿润而又排水良好的土壤，能自播繁衍。

园林用途　枝叶柔细，花形、花色别致，适宜做花坛及花境边缘材料，也可盆栽或作切花。

同属常见栽培的还有摩洛哥柳穿鱼(*L. moroccana*)、弯距柳穿鱼(*L. bipartita*)等。

**(23)【宿根亚麻】*Linum perenne***

别名　蓝亚麻

科名　亚麻科亚麻属

形态特征　多年生花卉，株高40～50cm。茎丛生、光滑，直立而细长，基部多分枝。叶互生，条形或披针形，浅蓝绿色。聚伞花序顶生或生于上部叶腋，花梗纤细，花瓣蓝色或浅蓝色，清晨开放，下午凋谢。花期5～7月(见彩插)。

生态习性　喜阳光充足的环境和排水良好的土壤，偏碱土壤生长不良。性强健，耐寒。较耐干旱，自然野生于干燥草甸或河滩石砾质地间。须根长，不耐移植。

园林用途　适应性强，花期长、花量大，栽培管理方便，可广泛应用于森林公园、市郊、游憩地、风景区等大型园林境域的空旷地路缘、溪边、坡地等。也可用于花境、岩石园，或在草坪、坡地上片植或点缀。

**(24)【'紫雾'荆芥】*Nepeta* 'Purple Haze'**

科属　唇形科荆芥属

形态特征　多年生草本，株高20～50cm。茎半匍匐，分枝能力强。叶密被柔毛，卵状至三角状心形，灰绿色，叶缘齿状。轮伞花序长10～30cm，着花密集，小花蓝紫色，下唇有紫色斑点。花期5～7月(见彩插)。

生态习性　性强健，喜光，耐寒，耐旱，不择土壤。

园林用途　花期早，花序大而饱满，花期长，是优良的耐旱地被和岩石园、花境材料。

**(25)【黑种草】*Nigella damascena***

科属　毛茛科黑种草属

形态特征　二年生花卉，株高30~60cm。茎直立，中上部多分枝，被有棕色绒毛。叶互生，羽状深裂，裂片细，线形。花单生枝顶，花萼5，淡蓝色，形如花瓣，花径3~5cm。栽培品种有桃红、紫红、淡黄、白、浅蓝色等。蒴果膨胀呈球状，宿存花柱8~10mm。最佳观赏期5~6月(见彩插)。

生态习性　原产于地中海及西亚。喜冷凉，较耐寒，不耐热。喜向阳、疏松、排水良好的壤土及凉爽与阳光充足环境。

园林用途　枝叶秀丽，花朵轻盈，色彩淡雅，适用于花境、林缘等自然式栽植，也可用作切花。

**(26)【美丽月见草】*Oenothera bienni***

科属　柳叶菜科月见草属

形态特征　多年生花卉，北方地区常作一年生栽培，株高30~60cm。茎直立，幼苗期呈莲座状。叶互生，茎下部叶有柄，上部叶无柄；叶片长圆状卵圆形，边缘有疏细锯齿。花单生于枝端叶腋，排成疏穗状；花为靓丽的粉红色，开放时像一只杯盏，花径4~5cm。花期4~10月(见彩插)。

生态习性　生长强健，适应性强，耐酸耐旱。对土壤要求不严，一般中性、微碱或微酸性疏松的土壤上均能生长。但土壤太湿，根易得病。

园林用途　月见草因为在傍晚见月开花，且天亮即凋谢而得名，别名待霄草。但美丽月见草白天也开。粉蝶极喜欢在美丽月见草上翩飞。美丽月见草花径大，花量多，具有非常强的自播繁衍能力，大面积的景观布置，有自然风情之情趣。也可用于花坛、花境、种植钵等形式。

**(27)【二月蓝】*Orychophragmus violaceus***

别名　诸葛菜

科属　十字花科诸葛菜属

形态特征　二年生花卉，株高20~50cm。茎直立。基生叶和下部茎生呈叶羽状深裂，上部茎生叶窄卵形，叶缘有不整齐的锯齿状结构。总状花序顶生，小花5~20朵，花径约2cm。花多为蓝紫色或淡红色，随着花期的延续，花色逐渐转淡，最终变为白色。最佳观赏期4~5月(见彩插)。

生态习性　适应性强，耐寒、耐旱，可适应中性或弱碱性土壤。耐阴性强，在具有一定散射光的情况下，也可以正常生长、开花、结实。自播繁衍力强，一次播种，年年能自成群落。

园林用途　在南方冬季绿叶青翠，早春时节更是花开成片。是园林林下、阴处、荒坡、粗放管理区的优良地被植物，覆盖效果良好；也可作为花境、缀花草地或岩石园的点缀。

**(28)【红花酢浆草】*Oxalis rubra***

科属　酢浆草科酢浆草属

形态特征　多年生花卉，株高15～25cm。茎球形，具有极强的分生能力。叶基生，具长柄，小叶3枚，无柄，组成掌状复叶，倒心脏形，顶端凹陷。花茎长10～15cm，自基部抽出，伞形花序，花12～14朵；花冠5瓣，淡红至深桃红，带纵裂条纹。花期从4～11月中旬，长达7个月(见彩插)。

生态习性　原产于巴西南部。喜光也耐阴，在露地全光下和树荫下均能生长，但全光下生长健壮，植株丰满，花多而繁。不耐寒，每年4～5月、8月下旬至10月下旬是生长高峰期，在炎热的夏季生长缓慢。

园林用途　植株低矮、整齐，花多叶繁，花期长，花色艳，覆盖地面迅速，又能抑制杂草生长等，很适合在花坛、花径、疏林地及林缘大片种植，用红花酢浆草组字或组成模纹图案效果很好。也可盆栽用来布置广场、室内阳台，同时也是庭院绿化镶边的好材料。

**(29)【丛生福禄考】*Phlox subulata***

科属　花荵科福禄考属

形态特征　多年生花卉，株高15cm。枝叶密集，匍地生长，老茎半木质化。叶对生，线状至钻形，革质，长1～2.5cm；春季叶色鲜绿，夏秋暗绿色，冬季经霜后变成灰绿色，叶与花同时开放。花多数密生，顶生聚伞花序，紫红色、白色、紫堇色或粉红色，花径2cm，花呈高脚杯形，芳香，花瓣5枚，倒心形，有深缺刻，似樱花(见彩插)。

生态习性　栽植简单，生长强健，适应性强，耐旱、耐寒、耐盐碱土壤。耐－40℃左右低温。极耐旱，喜向阳高燥之地，但以石灰质土壤最适其生长，在半阴处也能生长开花。

园林用途　花期长，绿期长(330～360d)，春秋两季开花；北京3月底便盛开。每当开花季节，繁盛的花朵将茎叶全部遮住，如粉红色的地毯，被誉为“开花的草坪”、“彩色地毯”。在日本称为“铺地芝樱”，与樱花齐名，多做模纹、组字或同草坪间植，色彩对比鲜明、强烈，效果极佳，是代替传统草坪的最佳地被植物。也适合花境、庭院配置，岩石园及吊盆栽植。

**(30)【玉竹】*Polygonatum odoratum***

科属　百合科黄精属

形态特征　多年生花卉，高30～70cm。《本草经集注》云：“茎干强直，似竹箭杆，有节。”故有玉竹之名。根茎横走，肉质黄白色，密生多数须根。茎叶互生，椭圆形，革质，叶上面绿色，下面灰色。花序腋生，偏生一侧，通常1～3朵簇生，筒状，花白色；顶端黄绿色。浆果蓝黑色。花期4～6月(见彩插)。

生态习性　耐寒，亦耐阴，喜潮湿环境，适宜生长于腐殖质丰富的疏松土壤。

园林用途　叶色青翠，姿态优美，花形奇特，是优良的耐阴地被，常片植于林下或

灌丛下，也可用于耐阴花境配置或栽植点缀于溪流石缝间。

**(31)【赤胫散】*Polygonum runcinatum***

科属 蓼科蓼属

形态特征 多年生花卉，株高50cm。丛生，茎较纤细，紫色。叶互生，卵状三角形，上面有紫黑斑纹，叶柄处有筒状的膜质托叶鞘。春季幼株枝条、叶柄及叶中脉均为紫红色，夏季成熟叶片绿色，中央有锈红色晕斑，叶缘淡紫红色。头状花序，数个生于茎顶，上面开粉红色或白色小花。花期7~8月(见彩插)。

生态习性 性强健，喜光，亦耐阴，耐寒，耐瘠薄。

园林用途 适宜布置花境，栽植于路缘、水边或疏林下。

**(32)【大花夏枯草】*Prunella vulgaris***

科属 唇形科夏枯草属

形态特征 多年生花卉，低矮丛生状，株高10~30cm。茎四棱，直立，常带淡紫色，有细毛。叶卵形，全缘或疏生锯齿。轮伞花序顶生，密集呈穗状。花萼钟形，花冠蓝或紫红色。花期4~6月(见彩插)。

生态习性 喜温暖、光照充足环境，耐半阴，不耐高温高湿及水涝，在石灰质土壤上生长不良，要求肥沃及排水良好的砂质壤土。

园林用途 适用于花境前缘，岩石园点缀，也可在路边、溪岸、草坪丛植或疏林下片植，亦可栽种于中草药园。

**(33)【金叶景天】*Sedum makinoi***

科属 景天科景天属

形态特征 多年生花卉，株高5~7cm。茎匍匐生长，节间短，分枝能力强，丛生性好。单叶对生，密生于茎上，叶片圆形，金黄色，鲜亮，肉质(见彩插)。

生态习性 喜光，亦耐半阴，较耐寒，耐旱，忌水涝，宜向阳、排水良好的砂质土壤。

园林用途 枝叶极其短小紧密，匍匐于地面，叶色鲜亮、金黄，是一种优良的彩叶地被植物。其长势较弱，不能迅速铺满地面，因此不宜用于屋顶绿化等低维护的地点，但其鲜亮的颜色可作为花境边缘、岩石园及立体花坛的点缀植物。

**(34)【反曲景天】*Sedum reflexum***

科属 景天科景天属

形态特征 多年生花卉，株高10~20cm。叶片尖端弯曲，叶黄绿色。花黄色。观赏期为4~9月(见彩插)。

生态习性 喜光，亦耐半阴，耐旱，忌水涝。

园林用途 适合布置花坛，图案、组字、坡面、屋顶绿化应用，也可用作地被植物，

要求地势稍高，不宜林下种植。

(35)【高雪轮】*Silene armeria*

别名　捕虫瞿麦

科属　石竹科蝇子草属

形态特征　二年生花卉，株高可达60cm。茎细、直立，上部有一段具黏液，小虫接触即被粘住，因此又名“捕虫瞿麦”。叶对生，卵状披针形。顶生聚伞花序，花色有粉、红、淡紫色或白色，径约1.8cm。花期5～6月(见彩插)。

生态习性　喜阳光充足、温暖而忌高温多湿气候，不择土壤，但以疏松、肥沃、排水良好的土壤为佳。生长适温15～25℃。

园林用途　适合布置花坛、花境、丛植、点缀岩石园或盆栽，也可作切花装饰。

同属其他常用种如下。

(36)【矮雪轮】*Silene pendula*

别名　小红花、大蔓樱草

形态特征　二年生花卉，株高约30cm。茎直立，多分枝。叶较小，卵状披针形。聚伞花序，花瓣倒心形，先端二裂。花为粉红色；栽培品种花色有白、浅粉、淡紫、玫瑰色等；亦有重瓣品种；萼筒长而膨大，筒上有紫红色条筋。最佳观赏期为5～6月(见彩插)。

生态习性　耐寒，喜光，喜肥。喜富含腐殖质、排水良好而湿润的壤土。

园林用途　花朵小巧、繁茂，常应用于花坛、花境、丛植或盆栽观赏。

(37)【绵毛水苏】*Stachys lanata*

科属　唇形科水苏属

形态特征　多年生花卉，株高35～40cm，冠幅45～50cm。银灰色的叶片柔软而富有质感，叶对生，长10cm，基部叶片长圆状匙形，上部叶片椭圆形。总状花序顶生，长约10cm，花冠筒粉色或紫色，长约3cm，上面生满白色绵毛(见彩插)。

生态习性　原产于巴尔干半岛、黑海沿岸至西亚。喜光，耐寒，最低可耐－29℃低温。

园林用途　全株被银白色绵毛，色彩雅致，适宜布置花坛、花境、岩石园及庭园观赏等。

(38)【紫露草】*Tradescantia reflexa*

科属　鸭跖草科鸭跖草属

形态特征　多年生花卉，株高30～50cm。茎直立，圆柱形，光滑。叶广线形，苍绿色，稍被白粉，多弯曲，叶面内折，基部鞘状。花蓝紫色，多朵簇生枝顶，径2～3cm。花期5～7月(见彩插)。

生态习性　原产于北美，我国普遍有栽培。适应性强，喜日照充足，但也能耐半阴，

耐寒。喜凉爽湿润气候，怕涝，耐瘠薄和偏碱性土壤。

园林用途 细长的叶片间，3 瓣紫色的花朵显露出野趣之美，宜作前景花卉材料和林下地被，用于花境、道路两侧丛植效果较好。

**(39)【紫花地丁】*Viola philippica***

科属 堇菜科堇菜属

形态特征 多年生花卉，高 7～14cm。无地上茎，叶基生，狭披针形或卵状披针形，边缘具圆齿，叶柄具狭翅。花有长柄，萼片卵状披针形，花瓣紫色，距呈细管状，直或稍上弯。花期 3～5 月(见彩插)。

生态习性 性强健，喜半阴的环境和湿润的土壤，在阳光下和较干燥的地方也能生长。在半阴条件下表现出较强的竞争性，在阳光下可与许多低矮的草本植物共生。耐寒、耐旱。在华北地区能自播繁衍。

园林用途 萌芽开花早，植株低矮，生长繁茂。直至冬初，地上部分才枯萎，是极好的地被植物，可单种成片植于林缘下或向阳的草地上，或与其他草本植物，如野牛草、蒲公英等混种，形成美丽的缀花草坪。也可栽于庭园，装饰花境或镶嵌草坪。

**(40)【早开堇菜】*Viola prionantha***

科属 堇菜科堇菜属

形态特征 多年生草本，无地上茎，花期株高约 10cm，果期达 20cm。叶多数，均基生；叶片在花期呈长圆状卵形、卵状披针形或狭卵形，果期叶片显著增大。花梗具棱，高于叶，花较大，紫堇色或淡紫色，喉部色淡并有紫色条纹，无香味。4 月上中旬至 9 月开花结果(见彩插)。

生态习性 适应性广、抗逆性强，喜光也耐半阴，耐寒。

园林用途 花形较大，色艳丽，为小巧美丽的早春观赏植物，适宜小型盆栽、地被或缀花草地应用。华北地区平原草地，城市草坪花园早春十分常见。

## 二、实习指导

### (一)目的

1. 掌握春季常用的露地花卉识别方法。
2. 掌握当地春季露地花的常见种类、形态特征、生态习性、观赏特性及园林应用形式。
3. 从景观效果直观感受园林花卉及其灵活多变的应用形式在园林景观构成中的作用。

### (二)时间与地点

“五一”前后，结合园林花卉布置应用的具体情况，选择花卉种类和应用形式较多的

公园、绿地进行。

### (三)内容与操作方法

1. 到实习地进行现场识别，观察园林花卉的主要识别特征，了解科属和分类中所属的类型、生态习性、观赏特征及园林用途，做好笔记。

2. 调查常见春季露地开花花卉的株高、冠幅、栽植密度、应用形式等，教师答疑。

## 三、思考与作业

1. 实习报告1份，内容包括调查的园林花卉种名、科名、拉丁学名、主要生态习性和观赏特性、园林用途等。

2. 自选2~3处景观效果较好的园林花卉应用形式进行平面草测、植物材料调查及效果分析。

# 实习16 夏季露地花卉识别

## 一、概述

在我国大多地区，夏季是绿树成荫的季节，植物景观以绿色为主，园林花卉可以丰富夏季的景观色彩。掌握夏季开花种类，对夏季园林植物景观设计具有重要作用。夏季开花花卉主要包括一年生花卉、部分宿根花卉、春植球根花卉和大部分水生花卉。

### (一)北京地区常见夏季露地花卉种类

1. 一年生花卉

包括一年生及多年生做一年生栽培的种类：孔雀草、万寿菊、鸡冠花、银边翠、麦秆菊、蛇目菊、地肤、半支莲、羽叶茑萝、牵牛花、一串红、凤仙花、千日红、夏堇、紫茉莉、矮牵牛、波斯菊、桂圆菊、紫苏、'金叶'甘薯、大花鬼针草、舞春花等。

2. 宿根花卉

花叶羊角芹、狼尾花、草原看麦娘、雄黄兰、香青(兰)、长叶婆婆纳、大花秋葵、一枝黄花、红花矾根、落新妇、升麻、假升麻、火炬花、山桃草、荆芥、金光菊、宿根矢车菊类、大苞萱草、钓钟柳、红花钓钟柳、乌头、聚花风铃草、阔叶风铃草、紫露草、轮叶婆婆纳、穗状婆婆纳、长叶婆婆纳、匍匐婆婆纳、林荫鼠尾草、轮叶鼠尾草、药用鼠尾草、深蓝鼠尾草、千叶蓍、金莲花、狭苞橐吾、齿叶橐吾、花菖蒲、块根糙苏、绵毛水苏、美国薄荷、血红老鹳草、薄荷、藿香、黄芩、景天三七、宽叶苔草、崂峪苔草、'金叶'苔草、蓝羊茅、玉带草、'日本'血草、荚果蕨、岩青兰、花叶芦竹、水杨梅、美丽飞蓬、罂粟葵、毛茛、金鸡菊类、宿根福禄考、玫红金鸡菊、大果月见草、银毛丹参、翼叶山牵牛。

3. 球根花卉

长筒石蒜、蛇鞭菊、大花葱、美人蕉、百子莲、大百合等。

4. 水生花卉

千屈菜、石菖蒲、水芹、紫芋、黑三棱、睡菜、杉叶藻、旱伞草、槐叶萍、田字萍、水禾、水罂粟、梭鱼草、再力花、旱伞草、木贼、慈姑、芡、萍蓬莲、荇菜、水葱、水鳖、花蔺、凤眼莲、睡莲、香菇草等。

### (二)北京地区常见夏季露地花卉部分种类特征简述

除了《园林花卉学》(第4版，刘燕主编)描述的种类，北京地区夏季可见的花卉还有如下种类。

**(1)【藿香】*Agastache rugosa***

科属　唇形科藿香属

形态特征　多年生花卉。株高0.5~1.5m。茎直立，四棱形。叶心状卵形至长圆状披针形，对生。轮伞花序多花，在主茎或侧枝上组成顶生密集的圆筒形穗状花序；花冠淡紫蓝色。花期6~9月(见彩插)。

生态习性　喜温暖、湿润、阳光充足环境，对土壤要求不严，以土层深厚肥沃而疏松的砂质壤土为佳。

园林用途　花境材料，亦可庭院布置。

**(2)【香青】*Anaphalis sinica***

科属　菊科香青属

形态特征　多年生花卉。株高20~50cm。茎直立，粗壮，被白色或灰白色绵毛。根状茎细或粗壮，木质，匍匐枝纤细。叶无柄，微抱茎，排列紧密；叶片长圆形、倒披针状长圆形至线形，下部叶在花期枯萎，先端短渐尖或钝，具急尖头，基部渐狭，通常中脉明显或基部叶有时为离基三出脉。头状花序极多数，密集呈伞房状或复伞房花序，花序轴与花序梗均密被白色蛛丝状绵毛；总苞钟状或倒圆锥状。花期6~9月。

生态习性　喜温暖、日光充足环境，喜土质肥沃、排水良好。

园林用途　优良的花境材料。

**(3)【药用牛舌草】*Anchusa officinalis***

科属　紫草科牛舌草属

形态特征　多年生花卉。株高可达1m。茎直立，通常不分枝或上部花序分枝，密生白色长硬毛。基生叶和茎下部叶长圆形至倒披针形，先端短渐尖或急尖，基部渐狭成柄。花序顶生及腋生，分枝；苞片三角状披针形；花萼与花冠筒等长；花冠蓝色，檐部稍短于筒部，裂片宽卵形。花期7~9月(见彩插)。

生态习性　喜温暖、日光充足环境，喜土质肥沃、排水良好。

园林用途　花境材料，庭院布置。

**(4)【'大花'鬼针草】*Bidens* 'Mega Charm'**

科属　菊科鬼针草属

形态特征　一年生草本，株高20~30cm。茎直立，多分枝，略带紫色。叶较小，羽

状深裂，裂片线形或狭披针形。头状花序较大，直径3～5cm，花黄色、橙色或棕红色。花期6～9月(见彩插)。

生态习性　喜温暖、不耐寒，喜光照充足、湿润气候，以疏松肥沃、富含腐殖质的砂质壤土及黏壤土为宜。

园林用途　株丛浑圆，花量大，花期长，适宜阳台、庭院及花坛栽植应用。

**(5)【'舞春花'】*Calibrachoa* 'Million Bells'**

科属　茄科碧冬茄属

别名　小花矮牵牛、百万小铃

形态特征　多年生常作一、二年生栽培，株高15～40cm。全株密被细茸毛。茎细弱，呈匍匐状，基部半木质化，耐雨淋。叶狭椭圆形或倒披针形。花形与矮牵牛相似，花冠漏斗型，花径3～5cm，花色丰富，有紫、桃、粉、白、黄、红、橙等颜色(见彩插)。

生态习性　喜温暖不耐寒，喜光，也耐半阴，光照充足则分枝多、开花繁茂。

园林用途　花量丰富，株形自然，具有匍匐、半蔓生的特性，可植于吊盆、阳台花箱等以美化家庭庭院。同时也可应用于组合盆栽、花坛中。

**(6)【罂粟葵】*Callirhoe involucrate***

科属　锦葵科罂粟葵属

形态特征　多年生花卉，匍匐生长，具白色粗壮主根。匍匐茎长达60～90cm，有毛。单叶互生，5～7深裂。花径6cm，紫红色，花期夏季(见彩插)。

生态习性　喜温暖、阳光充足，喜排水通畅、肥沃的土壤，忌湿涝。

园林用途　地被植物，良好的坡地及堤坝绿化材料。

**(7)【阔叶风铃草】*Campanula lactiflora***

科属　桔梗科风铃草属

形态特征　多年生花卉。株高60～90cm。茎直立。叶片长卵形至卵状披针形，边缘有锯齿。总状花序，花钟状五裂，紫色。花期6～9月(见彩插)。

生态习性　喜光，耐寒，耐旱。

园林用途　花境材料，岩石园布置。

**(8)【紫斑风铃草】*Campanula punctata***

科属　桔梗科风铃草属

形态特征　多年生花卉。株高20～50cm。全株被刺状软毛，茎直立，不分枝或中部以上分枝。基生叶具长柄，叶片心状卵形；茎生叶下部的有带翅的长柄，上部的无柄，三角状卵形至披针形，边缘有不整齐钝齿。花顶生于主茎及分枝顶端，下垂；花萼裂片长三角形，裂片间有一个卵形至卵状披针形而反折的附属物，它的边缘有芒状长刺毛；

花冠白色，内带紫斑，筒状钟形，裂片有睫毛。花期6~9月(见彩插)。

生态习性　喜光，耐寒，喜冷凉，忌高温、多湿环境。

园林用途　花境材料。

**(9)【大百合】*Cardiocrinum giganteum***

科属　百合科大百合属

形态特征　多年生花卉，具鳞茎。株高1~2m；茎高大，直径达34cm，中空，无毛。叶基生和茎生，卵状心形，向上渐小，均无毛；叶柄长15~20cm。总状花序顶生，有10~20花，花狭喇叭型，白色，花被片6，条状倒披针形。花期6~7月，果期9~10月(见彩插)。

生态习性　喜荫湿环境，喜微酸性土壤。

园林用途　适宜花境和庭院布置。

**(10)【崂峪薹草】*Carex giraldiana***

科属　莎草科薹草属

形态特征　多年生花卉。株高20~40cm，叶色草绿。穗期5~6月，穗色黄，6月种子成熟，熟后自行脱落。绿色期长，3~11月为旺盛生长期(见彩插)。

生态习性　耐阴性强，忌阳光直射处；耐寒，耐旱，耐瘠薄，但耐践踏性较差。

园林用途　花境材料，适宜作林下地被或护坡。

**(11)【'金叶'薹草】*Carex oshimensis* 'Evergold'**

科属　莎草科薹草属

形态特征　多年生花卉。株高20cm左右。叶有条纹，叶片两侧为绿色，中央为黄色。穗状花序，花期4~5月(见彩插)。

生态习性　喜温暖，喜光，耐半阴，不耐涝。

园林用途　花境材料，亦可盆栽观赏。

**(12)【宽叶薹草】*Carex siderosticta***

科属　莎草科薹草属

形态特征　多年生花卉。株高10~40cm。叶长圆状披针形，短于秆，先端渐尖，基部渐狭，上面无毛或近无毛，2条显著凸出的侧脉，叶下中肋凸起，脉上具疏柔毛；基部叶鞘褐色，顶端无叶片。小穗4~8，疏远，雄雌顺序，圆柱形；小穗柄扁，向上渐短；苞片绿色，佛焰苞状，口部斜向(见彩插)。

生态习性　喜温暖、阴湿环境，对土壤要求不严。

园林用途　观赏草类，花境材料，适宜自然式布置。

**(13)【紫芋】*Colocasia tonoimo***

科属 天南星科芋属

形态特征 多年生花卉，株高 1~1.2m，块茎粗厚；侧生小球茎若干枚，倒卵形。叶 1~5 枚，由块茎顶部抽出；叶柄圆柱形，向上渐细，紫褐色；叶片盾状，卵状箭形，深绿色，基部具弯缺，侧脉粗壮，边缘波状。佛焰苞绿色或紫色，向上缢缩、变白色；檐部厚，金黄色，肉穗花序两性。花期 7~9 月。

生态习性 生性强健，喜高温、湿润、阳光充足环境，耐阴、耐湿。

园林用途 可片植与岸边浅水处或阴湿处。

**(14)【玫红金鸡菊】*Coreopsis rosea***

科属 菊科金鸡菊属

形态特征 多年生草本，株高 15~40cm。茎多分枝。叶羽状深裂，裂片线形。头状花序径 3~5cm，花梗细长，舌状花单轮，较宽大，花黄色、粉色、橙色、玫瑰红色等。花期 6~9 月(见彩插)。

生态习性 喜温暖，不耐寒，耐热，喜光照充足、排水良好的环境。

园林用途 长势旺盛，花期长，株形紧凑，小花多而繁茂，适宜花坛、种植钵栽植应用。

**(15)【雄黄兰】*Crocosmia crocosmiflora***

科属 鸢尾科雄黄兰属

形态特征 多年生花卉，具鳞茎。株高 50~100cm。球茎扁圆球形，外包有棕褐色网状的膜质包被。叶多基生，剑形，长 40~60cm，基部鞘状，顶端渐尖，中脉明显；茎生叶较短而狭，披针形。花茎常 2~4 分枝，由多花组成疏散的穗状花序；每朵花基部有 2 枚膜质的苞片；花两侧对称，橙黄色；花被裂片 6，披针形或倒卵形，内轮较外轮花被裂片略宽而长。花期 7~8 月，果期 8~10 月(见彩插)。

生态习性 喜光，耐寒，宜种植于疏松肥沃排水良好的砂质壤土。

园林用途 花境材料，可用于盆栽。

**(16)【岩青兰】*Dracocephalum rupestre***

科属 唇形科青兰属

形态特征 多年生花卉。株高 15~40cm。茎斜生，从短根茎生出，然后斜升，四棱，有细毛。基生叶柄细长，叶片阔卵圆形或心状长椭圆形，先端圆钝，边缘有规则的圆齿，两面有毛，上面绿色，下面白色，叶下面网状脉明显；茎生叶对生。轮伞花序密集成头状生枝顶；花冠紫蓝色，二唇形，上唇先端微裂；小坚果长卵圆形。全体具香气味，芳香植物(见彩插)。

生态习性 喜温暖，喜光照，耐干旱，喜石灰质土壤。

园林用途 岩石园材料。

**(17)【木贼】*Equisetum hyemale***

科属　木贼科木贼属

形态特征　多年生花卉，高达1m以上。根茎横走或直立，黑棕色。地上枝多年生。节间长5~8cm，绿色，不分枝或基部有少数直立的侧枝。地上枝有脊，脊的背部弧形或近方形；鞘筒黑棕色或顶部及基部各有一圈或仅顶部有一圈黑棕色；鞘齿披针形。孢子囊穗卵状，顶端有小尖突，无柄。

生态习性　喜温暖湿润气候，耐阴，耐寒，喜疏松肥沃、腐殖质丰富的黏质壤土。

园林用途　可片植于水边，亦可盆栽观赏。

**(18)【美丽飞蓬】*Erigeon speciosus***

科属　菊科飞蓬属

形态特征　多年生花卉。株高40~60cm。有分枝并具疏毛。多叶，叶匙形至披针形。头状花序直径约3.5cm，舌状花蓝紫色，管状花黄色，伞房状聚伞花序生于茎顶。

生态习性　耐寒，喜光，不择土壤(见彩插)。

园林用途　花境材料，可丛植于草坪，亦可用于岩石园。

**(19)【蓝羊茅】*Festuca glauca***

科属　莎草科苔草属

形态特征　多年生花卉。株高20cm左右。叶有条纹，叶片两侧为绿色，中央为黄色。穗状花序，花期4~5月(见彩插)。

生态习性　喜温暖，喜光，耐半阴，不耐涝。

园林用途　花境材料，亦可盆栽观赏。

**(20)【山桃草】*Gaura lindheimeri***

科属　柳叶菜科山桃草属

形态特征　多年生花卉。株高60~100cm。全株具粗毛，多分枝。叶互生，无柄，有幼毛，边缘有锯齿。花型似桃花，一般呈粉红色或白色，极具观赏性，一般在初夏至结霜前开花(见彩插)。

生态习性　耐寒，喜光，耐半阴，耐干旱。

园林用途　花境、地被、草坪点缀。

**(21)【赛菊芋】*Heliopsis helianthoides***

科属　菊科赛菊芋属

形态特征　多年生花卉。株高60~150cm。茎直立，分枝。叶对生，长卵圆形或卵状披针形，有主脉3条，边有粗齿。头状花序集生成伞房状，总苞片2~3裂；花径5~7cm，舌状花阔线形，鲜黄色。花期6~9月(见彩插)。

生态习性　性强健。喜向阳高燥环境，耐寒，耐半阴，不择土壤，耐瘠薄。

园林用途　花境材料，亦可作庭院布置。

**(22)【香菇草】*Hydrocotyle vulgaris***

科属　伞形科天胡荽属

形态特征　多年生花卉。具蔓生性，株高5~15cm。节上常生根。茎顶端呈褐色。叶互生，具长柄，圆盾形，直径2~4cm，缘波状，草绿色，叶脉15~20条放射状。花两性；伞形花序；小花白色。果为分果。花期6~8月(见彩插)。

生态习性　喜温暖、湿润环境，耐阴，不甚耐寒，不耐旱，对土壤要求不严。

园林用途　常作水体岸边片植，亦可与荷花、香蒲等较高大的挺水花卉配置做前景材料。

**(23)【水禾】*Hygroryza aristata***

科属　禾本科水禾属

形态特征　多年生花卉。高可达20cm。根状茎细长，节上生羽状须根。茎部分露出水面，叶鞘膨胀，具横脉；叶舌膜质；叶片卵状披针形，下面具小乳状突起，顶端钝，基部圆形，具短柄。圆锥花序长与宽近等长，具疏散分枝，基部为顶生叶鞘所包藏；小穗含1小花，颖不存在。

生态习性　喜温暖、湿润及阳光充足环境，不耐寒，不耐旱。

园林用途　可成片布置于湖泊、池塘浅水处，或点缀庭院小型水景。

**(24)【'金叶'甘薯】*Ipomoea batatus* 'Golden Summer'**

科属　旋花科甘薯属

形态特征　多年生作一年生栽培。草质藤本，叶片较大，犁头形，全植株终年呈鹅黄色，生长茂盛(见彩插)。

生态习性　耐热，不耐寒。扦插繁殖。

园林用途　适用于花坛布置。

**(25)【灯心草】*Juncus effusus***

科属　灯心草科灯心草属

形态特征　多年生花卉。根状茎横走，丛生，密生须根。株高40~100cm。茎簇生，内充乳白色的髓。叶片退化呈刺芒状。花序假侧生，聚伞状，密集或疏散。

生态习性　喜温暖、湿润及阳光充足环境，耐阴，耐寒，耐旱，对土壤要求不严。

园林用途　可用于点缀驳岸浅水处，或片植于湖泊、池塘、溪流浅水处，亦可盆栽观赏。

**(26)【齿叶橐吾】*Ligularia dentata***

科属　菊科橐吾属

形态特征　多年生花卉。株高30~120cm。根肉质，多数，粗壮。茎直立，上部有分枝。丛生叶与茎下部叶具柄，柄粗壮，无翅，被白色蛛丝状柔毛，有细棱，基部膨大成鞘；叶片肾形，先端圆形，边缘具整齐的齿，齿间具睫毛，上面绿色，光滑，下面近似灰白色，被白色蛛丝状柔毛，叶脉掌状；茎中部叶与下部者同形，较小。伞房状或复伞房状花序开展，分枝叉开；头状花序多数，舌状花黄色，舌片狭长圆形，管状花多数。花果期7~10月(见彩插)。

生态习性　喜温暖与阴湿环境。

园林用途　花境材料。

**(27)【狭苞橐吾】*Ligularia intermedia***

科属　菊科橐吾属

形态特征　多年生花卉。株高可达100cm。根肉质，多数。茎直立，丛生叶与茎下部叶具柄，叶片肾形或心形，先端钝或有尖头，边缘具整齐的有小尖头的三角状齿；茎中上部叶与下部叶同形，较小，具短柄或无柄，鞘略膨大。总状花序，头状花序舌状花黄色，舌片长圆形；管状花伸出总苞，冠毛紫褐色，有时白色，比花冠管部短。瘦果圆柱形。花果期7~10月(见彩插)。

生态习性　喜温暖，喜阴湿环境。

园林用途　花境材料。

**(28)【荚果蕨】*Matteuccia struthiopteris***

科属　球子蕨科荚果蕨属

形态特征　多年生花卉。株高可达90cm。根状茎立直，连同叶柄基部有密披针形鳞片。叶簇生、二型，有柄；不育叶片矩圆倒披针形，2回深羽裂。下部多对羽片向下逐渐缩短成小耳型。能育叶短，挺立，1回羽状，纸质，向下反卷包被囊群。孢子囊群圆形(见彩插)。

生态习性　喜阴湿环境，耐寒。

园林用途　观叶地被，盆栽。

**(29)【薄荷】*Mentha haplocalyx***

科属　唇形科薄荷属

形态特征　多年生花卉。株高30~60cm。茎直立，锐四棱形，具四槽，多分枝。叶片椭圆形或卵状披针形，先端锐尖，基部楔形至近圆形，边缘在基部以上疏生粗大的牙齿状锯齿。轮伞花序腋生，轮廓球形；花萼管状钟形，萼齿5，花冠淡紫，冠檐4裂，上裂片先端2裂，较大，其余3裂片近等大，长圆形，先端钝。花期7~9月(见彩插)。

生态习性　喜温暖、潮湿、阳光充足、雨量充沛的环境。

园林用途　花境材料，亦可盆栽或庭院布置。

**(30)【睡菜】*Menyantehes trifoliata***

科属　睡菜科睡菜属

形态特征　多年生花卉。株高20～35cm。全株光滑无毛，根状茎匍匐状。叶基生，三出复叶、椭圆形，总柄长23～30cm，全缘状微波形。总状花序顶生，基部生一披针形苞叶。小花具柄；花冠5深裂，白色，有纤毛；子房上位，蒴果球形。花期5～7月，果期6～8月(见彩插)。

生态习性　喜温暖、向阳的潮湿或沼泽地环境，较耐寒，可露地越冬。

园林用途　适宜园林水景绿化，多用于池塘等边缘的装饰。亦可盆栽，装点庭院。

**(31)【美国薄荷】*Monarda didyma***

科属　唇形科美国薄荷属

形态特征　多年生花卉。株高100～120cm。茎直立，四棱形。叶质薄，对生，卵形或卵状披针形，背面有柔毛，缘有锯齿。轮伞花序密集多花，集生于茎顶，萼细长，花筒上部稍膨大，裂片略成二唇形。花期6～9月(见彩插)。

生态习性　喜凉爽、湿润、向阳的环境，耐寒，亦耐半阴。适应性强，不择土壤，忌过于干燥。

园林用途　花境材料。

**(32)【荆芥】*Nepeta cataria***

科属　唇形科荆芥属

形态特征　多年生花卉。株高50～80cm。茎四棱，上部有分枝，被短柔毛。叶对生，卵状至三角状心形，边缘具粗圆齿或牙齿，被短柔毛，叶色略发白。穗状轮伞花序顶生，长2～9cm，小花蓝紫色，气芳香，花期5～9月(见彩插)。

生态习性　喜温暖、湿润气候，喜阳光充足，忌干旱和积水。

园林用途　花境材料。

**(33)【水芹】*Oenanthe javanica***

科属　伞形科水芹属

形态特征　多年生花卉。茎直立或基部匍匐，株高15～80cm。基生叶有柄，基部有叶鞘；叶片轮廓三角形，1～3回羽状裂，末回裂片卵形至菱状披针形，边缘有牙齿或圆齿状锯齿；茎上部叶无柄，裂片和基生叶的裂片相似，较小。复伞形花序顶生，无总苞；伞辐不等长；小伞形花序有花20余朵；萼齿线状披针形，长与花柱基相等；花瓣白色，倒卵形，具内折的小舌片。花期6～7月，果期8～9月。

生态习性　喜凉爽，忌炎热、干旱，以土质松软、富含有机质的黏质壤土为宜。

园林用途　可片植于河岸、湖畔、沼泽湿地环境。

**(34)【大果月见草】*Oenothera missouriensis***

科属　柳叶菜科月见草属

别名　密苏里月见草

形态特征　多年生草本，具块茎，半匍匐性丛生，株高25~50cm。茎短，基部分枝，红色。叶披针形，浅绿色，长10~15cm。花黄色，杯形，筒长10cm以上，花瓣4枚，花径约10cm。花期6~8月(见彩插)。

生态习性　喜温暖较耐寒，喜光，耐旱性强，喜排水良好的砂质壤土。不耐移植。

园林用途　植株低矮，花色明亮，适用于岩石园、节水花园栽培。

**(35)【紫苏】*Perilla frutescens***

科属　唇形科紫苏属

形态特征　一年生花卉。有特异芳香，株高30~150cm。茎四棱形，紫色、绿紫色或绿色，有长柔毛，以茎节部较密。单叶对生，叶片宽卵形或圆卵形，基部圆形或广楔形，先端渐尖或尾状尖，边缘具粗锯齿，两面紫色，或面青背紫，或两面绿色，上面被疏柔毛，下面脉上被贴生柔毛。总状花序顶生或腋生，花唇形，红色或淡红色，花萼钟形。花期7~8月(见彩插)。

生态习性　喜温暖、湿润的气候，耐涝，不耐干旱；适应性很强，对土壤要求不严。

园林用途　适合庭院美化或盆栽。

**(36)【虉草】*Phalaris arundinacea***

科属　禾本科虉草属

形态特征　多年生花卉，具根状茎。高60~150cm。秆较粗壮。叶鞘无毛，叶片灰绿色。圆锥花序紧密狭窄，分枝密生小穗；小穗含3小花。花果期6~8月(见彩插)。

生态习性　喜温暖、湿润环境，耐水淹，耐寒。

园林用途　花境材料，亦可自然式布置。

**(37)【块根糙苏】*Phlomis tuberosa***

科属　唇形科糙苏属

形态特征　多年生花卉，具块根。茎具分枝，株高40~110cm。基生叶或下部的茎生叶三角形，先端钝或急尖，基部深心形，边缘为不整齐的粗圆齿状，中部的茎生叶三角状披针形，基部心形，边缘为粗牙齿状；基生叶及下部茎生叶叶柄长4~25cm，中部茎生叶叶柄长1.5~3.5cm，上部的茎生叶及苞叶叶柄短至无柄。轮伞花序多数，生于主茎及分枝上，彼此分离，多花密集；花冠紫红色，外面唇瓣上密被星状绒毛，筒部无毛，冠檐二唇形，上唇边缘为不整齐的牙齿状，下唇卵形，3圆裂，中裂片倒心形，较大，侧裂片卵形，较小。花果期7~9月(见彩插)。

生态习性　喜温暖、日光充足环境，喜土质肥沃、排水良好。

园林用途　可布置于岩石园、花境或坡地上。

(38)【毛茛】*Ranunculus japonicas*

科属 毛茛科毛茛属

形态特征 多年生花卉。株高20～60cm。有伸展的白色柔毛。基生叶和茎下部叶有长柄，叶片五角形，深裂。花黄色，萼片船状椭圆形，外有柔毛；花瓣5，圆状宽倒卵形(见彩插)。

生态习性 喜温暖、阳光充足，喜排水通畅、肥沃的土壤。

园林用途 岩石园材料。

(39)【银毛丹参】*Salvia argentea*

科属 唇形科鼠尾草属

形态特征 多年生草本，株高40～80cm。茎直立，粗壮。叶较大，卵圆形或椭圆状卵圆形，密被白色柔毛，边缘具圆齿，呈银白色。圆锥花序较大，分枝较稀疏；花唇形，白色，小花径约2cm。花期6～8月(见彩插)。

生态习性 喜气候温和，光照充足，空气湿润，土壤肥沃的环境。

园林用途 叶片肥大，密被白毛，远看如棉花，质感温柔，与其他色彩的纯色花卉配置栽植，效果极佳，花序大而挺拔，是重要的花境观叶、观花植物。

(40)【深蓝鼠尾草】*Salvia guaranitica*

科属 唇形科鼠尾草属

形态特征 多年生花卉。株高可达1.5m以上。分枝多。叶对生，卵圆形，全缘或具钝锯齿，绿灰色，质地厚，叶表有凹凸状织纹，含挥发油，具强烈芳香。花腋生，深蓝色(见彩插)。

生态习性 喜欢温暖、阳光充足的环境，不择土壤，适宜富含腐殖质、排水良好的砂质土壤，不耐水涝。

园林用途 花境材料，可丛植于草坪。

(41)【轮生鼠尾草】*Salvia verticillata*

科属 唇形科鼠尾草属

形态特征 多年生花卉。株高40～100cm。茎直立，四棱形。叶片对生，卵圆形至阔卵圆形，边缘疏锯齿，具毛。轮伞花序，小花唇形，蓝紫色。花期7～8月(见彩插)。

生态习性 喜光，耐寒，宜种植于疏松肥沃排水良好的砂质壤土。

园林用途 花境材料，可用于岩石园。

(42)【黑三棱】*Sparganium stoloniferum*

科属 黑三棱科黑三棱属

形态特征 多年生花卉。株高0.7～1.2m。块茎膨大，根状茎粗壮。茎直立，粗壮，挺水，叶片具中脉，上部扁平，下部背面呈龙骨状凸起，或呈三棱形，基部鞘状。圆锥

花序开展，具3~7个侧枝，每个侧枝上着生7~11个雄性头状花序和1~2个雌性头状花序，主轴顶端通常具3~5个雄性头状花序，无雌性头状花序；花期雄性头状花序呈球形。花果期5~10月(见彩插)。

生态习性　喜温暖、湿润气候，宜在向阳、低湿的环境中生长。对土壤要求不严。

园林用途　可布置于浅水处或湿地中。

**(43)【桂圆菊】*Spilanthes paniculata***

科属　菊科金纽扣属

形态特征　一年生花卉。株高30~40cm。多分枝。叶对生，广卵形，边缘有锯齿，叶色暗绿。头状花序，开花前期呈圆球形，后期伸长呈长圆形。花黄褐色，无舌状花，筒状花两性。花期7~10月(见彩插)。

生态习性　喜温暖、湿润、向阳环境，忌干旱，不耐寒。

园林用途　花坛，盆栽。

**(44)【翼叶山牵牛】*Thunbergia alata***

科属　爵床科山牵牛属

别名　黑眼苏珊

形态特征　多年生缠绕草本。茎具2槽。叶柄具翼；叶片卵状箭头形或卵状稍戟形，先端锐尖，两面被稀疏柔毛间糙硬毛，背面稍密，叶脉掌状。花单生叶腋，筒状钟形，径约3cm，花冠5裂，冠檐裂片倒卵形，冠檐黄色或橙黄色，喉部蓝紫色。花期6~9月(见彩插)。

生态习性　喜温暖，不耐寒，生长适温22~28℃；喜光，喜微潮偏干、通风良好的环境。

园林用途　花色明亮，花期长，可利用其攀缘特性用于柱式栽培、垂直绿化、组合盆栽及地被等。

**(45)【金莲花】*Trollius chinensis***

科属　毛茛科金莲花属

形态特征　多年生花卉。株高可达60cm。全株光滑无毛。基生叶具长柄，掌状3~5裂，直径达18cm，裂片阔长披针形；茎生叶有短柄，渐无柄，叶片圆心形，掌状5全裂。花单生茎顶或2~3朵聚生，花径4~5cm，橙黄色。花期6~7月(见彩插)。

生态习性　喜温暖，极耐寒，喜光照，耐半阴。

园林用途　适宜自然式布置。

**(46)【长叶婆婆纳】*Veronica longifolia***

科属　玄参科婆婆纳属

形态特征　多年生花卉。株高35~120cm。茎直立，少分枝，被稀疏的白柔毛。叶

对生，长圆状披针形或披针形，先端渐尖，边缘有不等的二重齿。花序总状，着生在茎顶端，苞片线形，先端尖锐，花唇形。花期6～7月，果期8～9月(见彩插)。

生态习性　喜光，喜温暖。

园林用途　优良的花境材料。

**(47)【轮叶婆婆纳】*Veronica spuria***

科属　玄参科婆婆纳属

形态特征　多年生花卉。株高30～100cm。茎直立，上部分枝，密被短曲毛。叶3～4枚轮生或对生，叶片长椭圆形至披针形，两面被短毛。总状花序长穗状，复出，集成圆锥状；花萼与花梗近等长；花冠紫色或蓝色。花期7～8月(见彩插)。

生态习性　喜光，喜温暖，耐寒，耐半阴。

园林用途　优良的花境材料。

## 二、实习指导

### (一)目的

本实习通过现场教学结合学生自行调查总结，使学生掌握北京地区夏季常用的露地花卉种类、形态特征、生态习性、观赏特性及园林应用形式，进一步巩固识别常见夏季露地花卉。

### (二)时间、地点

6月下旬。选择种类丰富、应用形式多样的各类公园或植物园。

### (三)材料及工具

相机、卷尺、记录本。

### (四)内容及操作方法

首先由指导教师带领学生到实习地点进行现场讲解和识别，了解各种花卉的主要识别特征，理解其所隶属的科属和分类中所属的类型、生态习性、观赏特征及园林用途。之后学生分组参考实习手册进行自学，并调查常见花卉的株高、冠幅、栽植密度、应用形式等，教师答疑。

## 三、思考与作业

1. 提交实习报告1份。内容包括种名、科名、拉丁学名、主要生态习性和观赏特性、园林用途等。

2. 自选1～2处效果较好的花卉应用形式进行平面草测、效果分析及效果图绘制。

# 实习17 秋季露地花卉识别

## 一、概述

秋季露地花卉在园林秋季景色的构成中占有重要地位。主要包括部分一年生花卉和秋季开花的宿根花卉、部分春植球根花卉，这些花卉是9～10月露地草花景观的主要贡献者。

### (一)北京地区常见秋季露地花卉种类

1. 一年生花卉

包括一年生及多年生做一年生栽培种类：观赏辣椒、非洲凤仙、百日草、醉蝶花、彩叶草、鸡冠花、夏堇、万寿菊、蓝花鼠尾草、皇帝菊、五色苋、红蓼、肿柄菊、四季秋海棠。

2. 宿根花卉

小菊、马缨丹、亚菊、菊芋、马蹄金、‘金叶’过路黄、柳叶马鞭草、一枝黄花、地被菊、大吴风草、假龙头、八宝景天、反曲景天、松塔景天、‘胭脂’红景天、翠云草、荷兰菊、天竺葵、泽兰、连钱草、银叶菊、‘花叶’蔓长春、狼尾草、荻、日本血草、细茎针茅、芒、宽叶拂子茅、柳枝稷、红秋葵、墨西哥鼠尾草、地榆等。

### (二)常见秋季露地花卉种类及特征简述

除了《园林花卉学》(第4版，刘燕主编)描述的种类，北京地区秋季露地可以看到的花卉还有如下一些种类。

**(1)【亚菊】*Ajania pallasiana***

科属　菊科亚菊属

形态特征　多年生花卉，株高30～60cm。茎直立，单生或少数茎簇生，通常不分枝，被短柔毛，上部较多。中部茎生叶卵形至长椭圆形，2回掌状3～5裂。1回全裂，2回深裂；末回裂片披针形。茎上部叶常羽状分裂或3裂。基生叶和下部茎叶花期枯萎脱

落。头状花序在茎顶或分枝顶端排成复伞房花序。总苞宽钟状，总苞片4层，外层长椭圆形，中内层长卵形，外层苞片顶端有半透明蜡质圆形附属物。雌花与两性花花冠全部黄色。花果期8～9月(见彩插)。

生态习性　适应性强，抗热，也较耐寒。

园林用途　花坛和花境材料，可片植观赏或庭院种植。

**(2)【观赏辣椒】*Capsicum frutescens* var. *fasciculatum***

科属　茄科茄属

形态特征　一年生花卉，株高30～60cm。根系发达，茎直立，基部木质化，分枝能力强，分枝习性为双叉状分枝。一般小果类型的植株高大，分枝多；大果类型的则相反。单叶互生，全缘，卵圆形，叶片大小、色泽与青果的大小色泽有相关性。花小，单生叶腋，具花梗；有白、绿白、浅紫和紫色。花期7月至霜降。浆果，按果实的颜色分，有红、黄、紫、橙、黑、白、绿色等类型；按果实的形状分，有线形、羊角形、樱桃形、风铃形、蛇形、枣形、灯笼形等类型(见彩插)。

生态习性　喜阳光充足、温暖的环境，怕霜冻、忌高温；喜湿润、肥沃的土壤，耐肥，不耐寒，能自播。

园林用途　可用作花坛、地被、盆栽等，是模纹花坛的良好材料。

**(3)【菊芋】*Helianthus tuberosus***

科属　菊科向日葵属

形态特征　多年生花卉，高1～3m。有块状地下茎及纤维状根。茎直立，有分枝，被白色短糙毛或刚毛。叶通常对生，有叶柄，但上部叶互生；下部叶卵圆形或卵状椭圆形，有长柄，顶端渐细尖，边缘有粗锯齿，有离基三出脉；上部叶长椭圆形至阔披针形，基部渐狭，下延成短翅状，顶端渐尖，短尾状。头状花序较大，单生于枝端；舌状花黄色，开展，长椭圆形；管状花黄色。花期8～9月。

生态习性　喜温暖、光照环境，耐旱、耐寒、耐贫瘠，对土壤要求不严。

园林用途　可用作花境的背景材料，亦可作庭院布置。

**(4)【红秋葵】*Hibiscus coccineus***

科属　锦葵科木槿属

别名　槭葵、水木槿

形态特征　多年生草本，株高1～3m，全株光滑，被白粉。茎直立丛生，半木质化，茎及叶柄紫红色。叶互生，掌状5～7深裂，裂片线状披针形，边缘有不规则锯齿。花单生上部叶腋，花大，径7～12cm，花瓣5枚，深红色。花期7～9月(见彩插)。

生态习性　喜温暖，较耐寒，喜光，耐水湿，喜肥沃、深厚的黏质壤土或钙质土。长江以北地区成宿根性。

园林用途　植株高大，花大色艳。宜丛植于草坪四周及林缘、路边，可作为花境的背景材料，也适于水景园应用。

**(5)【'日本'血草】*Imperata cylindrical* 'Rubra'**

科属　禾本科白茅属

形态特征　多年生花卉，株高50cm左右。叶丛生，剑形，常保持深血红色。圆锥花序，小穗银白色，花期夏末(见彩插)。

生态习性　喜光或有斑驳光照处，耐热，喜湿润而排水良好的土壤。

园林用途　花境材料，可布置于岩石园、溪畔和桥边等地方。

**(6)【'金叶'过路黄】*Lysimachia nummularia* 'Aurea'**

科属　报春花科珍珠菜属

形态特征　多年生花卉，茎柔弱，平卧延伸，长20～60cm，下部节间较短，常发出不定根。叶对生，卵圆形至肾圆形，先端锐尖或圆钝，基部截形至浅心形；叶柄比叶片短或与之近等长。花单生叶腋，花冠黄色。蒴果球形(见彩插)。

生态习性　喜光亦耐阴，耐水湿，耐寒性强。

园林用途　良好的地被材料

**(7)【皇帝菊】*Melampodium lemon***

科属　菊科蜡菊属

形态特征　一年生花卉，株高30～50cm。叶对生。顶生花序，花黄色，花形似雏菊(见彩插)。

生态习性　耐热、耐湿，稍具耐旱性。

园林用途　适于群植。

**(8)【芒】*Miscanthus sinensis***

科属　禾本科芒属

形态特征　多年生花卉，株高1～1.25m。秆直立，稍粗壮，无毛，节间有白粉。叶鞘长于节间，鞘口有长柔毛；叶舌钝圆，先端有短毛；叶片长条形，下面疏被柔毛并有白粉。圆锥花序扇形，主轴长不超过花序之半；穗轴不脱落，分枝坚硬直立；小穗披针形，成对生于各节，具不等长的柄(见彩插)。

生态习性　喜湿润，但能耐干旱，对温度要求不严。

园林用途　花境材料，适合于自然式布置。

**(9)【狼尾草】*Pennisetum alopecuroides***

科属　禾本科狼尾草属

形态特征　多年生花卉，株高30～120cm，须根较粗壮。秆直立，丛生，在花序下密生柔毛。叶鞘光滑，两侧压扁，主脉呈脊；叶片线形，先端长渐尖，基部生疣毛。圆

锥花序直立，主轴密生柔毛；小穗通常单生，偶有双生，线状披针形。花果期 8～10 月（见彩插）。

生态习性　喜温暖、光照环境，耐高温，耐寒，耐旱，不耐阴蔽，不择土壤，水肥过大易倒伏。

园林用途　花境材料，可在园林景观中点缀使用，也可片植。

**(10)【红蓼】*Polygonum orientale***

科属　蓼科蓼属

形态特征　一年生花卉，株高 1～2m。茎直立，多分枝，密生长毛。叶大，卵状披针形至阔卵形，基部近圆形，全缘，被毛。叶互生，托叶鞘筒状，下部膜质，褐色，上部草质，被长毛，上部常展开成环状翅。总状花序由多数小花穗组成，顶生或腋生，软而下弯。花期 7～9 月（见彩插）。

生态习性　喜阳光、温暖和湿润，耐瘠薄，不择土壤。

园林用途　枝叶高大，疏散潇洒，是颇富野趣的园林观赏植物，也可作插花材料。

**(11)【墨西哥鼠尾草】*Salvia leucantha***

科属　唇形科鼠尾草属

形态特征　多年生草本，株高 80～160cm，全株被柔毛。茎直立，四棱。叶对生，披针形，叶缘有细钝锯齿，略有香气。总状花序长 20～40cm，被蓝紫色茸毛；小花 2～6 朵轮生，花冠唇形，蓝紫色，花萼钟状。花期 8～10 月（见彩插）。

生态习性　喜温暖、不耐寒，喜光照充足、湿润环境，适生于疏松、肥沃的砂质土壤。

园林用途　花叶俱美，花期长，适作公园、庭院等路边、花境栽培观赏，也可作干花和切花。

**(12)【地榆】*Sanguisorba officinalis***

科属　蔷薇科地榆属

形态特征　多年生草本，株高 50～100cm。根粗壮，纺锤形。茎直立。基生叶为羽状复叶，有小叶 4～6 对；茎生叶较少，小叶片长圆形至长圆披针形，狭长。穗状花序直立，椭圆形、圆柱形或卵球形，长 1～3（4）cm，粉红色、紫红色或红褐色。花期 7～10 月（见彩插）。

生态习性　喜光，耐寒，对栽培条件要求不严格，耐高温多雨，不择土壤。

园林用途　地榆叶形美观，其紫红色穗状花序摇曳于翠叶之间，高贵典雅，可用作花境背景或庭院、切花栽培。

**(13)【松塔景天】*Sedum nicaeense***

科属　景天科景天属

形态特征　多年生花卉。株高5～10cm。茎匍匐，贴地部分生根。叶灰绿色，圆柱形，互生于小枝上，排列似松塔。气温在0℃以下时，枝叶色泽深绿泛红(见彩插)。

生态习性　喜光，耐半阴，耐寒，耐旱，忌高温、多湿。

园林用途　良好的地被材料，立体花坛材料。

**(14)【'胭脂'红景天】*Sedum spurium* 'Coccineum'**

科属　景天科景天属

形态特征　多年生花卉，植株低矮，株高10cm左右。茎匍匐，光滑。叶对生，卵形至楔形，叶缘具锯齿状，叶片深绿色后变胭脂红色，冬季为紫红色。花深粉色(见彩插)。

生态习性　喜光，耐寒，耐高温，忌水湿，耐旱性极强。

园林用途　花坛材料，可用于布置屋顶花园。

**(15)【细茎针茅】*Stipa tenuissima***

科属　禾本科针茅属

形态特征　多年生花卉，株高30～50cm。密集丛生，茎秆直立，叶片亮绿色，细长如丝状。穗状花序，银白色，柔软下垂。花期6～9月(见彩插)。

生态习性　喜冷凉气候，夏季高温时休眠，喜光，也耐半阴，耐旱，适合在排水良好的土壤中种植。

园林用途　作花境镶边材料，可与岩石配置，也可种于路旁、小径，具有野趣。

**(16)【圆叶肿柄菊】*Tithonia rotundifolia***

科属　菊科肿柄菊属

形态特征　一年生花卉，株高1～2m。茎直立，有粗壮的分枝，被稠密的短柔毛。叶卵形或卵状三角形，有长叶柄，边缘有细锯齿，下面被短柔毛，基出三脉。头状花序大，顶生于假轴分枝的长花序梗上。总苞片4层；舌状花1层，黄色；管状花黄色。花果期9～11月(见彩插)。

生态习性　喜温暖、光照环境，不耐寒，耐干旱和贫瘠。

园林用途　适于丛植。

**(17)【柳叶马鞭草】*Verbena bonariensis***

科属　马鞭草科马鞭草属

形态特征　多年生花卉，株高60～150cm。茎为四棱形，直立，有分枝，全株有纤毛。幼苗叶为椭圆形，边缘有锯齿；花茎抽高后的叶转为细长，形如柳叶状，边缘仍有锯齿；聚伞花序，小筒状花着生于花茎顶部，紫红色或淡紫色。花期5～9月(见彩插)。

生态习性　喜光，不耐阴，喜温暖，耐高温、干旱、多湿、瘠薄，对土壤要求不严。

园林用途　花境材料，或大面积栽培观赏。

## 二、实习指导

### （一）目的

通过现场教学结合自行调查总结，掌握北京地区秋季常用的露地花卉种类、形态特征、生态习性、观赏特性及园林应用形式，进一步巩固识别常见秋季露地花卉。

### （二）时间、地点

“十一”前一周。

### （三）材料及工具

相机、卷尺、记录本。

### （四）内容及操作方法

首先由指导老师带领学生到实习地进行现场讲解和识别，了解各种花卉的主要识别特征，掌握其所隶属的科属和分类中所属的类型、生态习性、观赏特征及园林用途。之后学生分组参考实习手册进行自学，并调查常见花卉的株高、冠幅、栽植密度、应用形式等，教师答疑。

## 三、思考与作业

1. 提交实习报告1份。内容包括种名、科名、拉丁学名、主要生态习性和观赏特性、园林用途等。

2. 自选一两处效果较好的花卉应用形式进行平面草测、效果分析及效果图绘制。

# 实习18
# 室内花卉识别

## 一、概述

室内花卉是指从众多花卉中选择出来，具有很高观赏价值，比较耐阴而喜温暖，对栽培基质水分变化不过分敏感，适宜在室内环境中较长期摆放的一类花卉。包括草本和木本花卉。

在实际应用中还包括一些具有较高观赏价值的时令性盆花或盆栽，这些花卉种类只在特定季节或节日短期观赏。

按照观赏部位，室内花卉可分为：

(1) 观花类：花期为主要观赏期，有些既可以观花也可以观叶。如非洲紫罗兰、蟹爪兰、杜鹃花、金鱼花等。

(2) 观果类：果期有较高观赏价值。如朱砂根、薄柱草。

(3) 观叶类：主要观赏绿色叶或彩色叶，种类繁多，是室内绿化的主要材料。

室内花卉是室内绿化美化和景观布置的主要植物材料。

### (一) 北京地区常见室内花卉种类

1. 观花类

红穗铁苋菜、袋鼠花、宝莲灯、龙船花、多花素馨、杜鹃花、山茶、栀子花、茉莉、软枝黄蝉、金苞花、喜荫花、欧石楠、亚马孙百合、紫芳草、球兰、一品红、安祖花、‘莫娜紫’香茶菜类。

2. 观叶类

吊兰类、澳洲杉、富贵竹、广东万年青、金边虎尾兰、瑞典常春藤、绿萝、变叶木、凤梨类、福禄桐、文竹、天门冬、泽米铁、菱叶白粉藤、翡翠珠、小叶榕、吊竹梅、千年木、巴西铁、心叶蔓绿绒、孔雀竹芋、银线竹芋、马拉巴栗、金边龙舌兰、袖珍椰子、‘密叶’龙血树、‘金钻’蔓绿绒、立叶蔓绿绒、也门铁、菜豆树、澳洲鸭脚木、白脉椒草等。

3. 观果类

柠檬、朱砂根、薄柱草、冬珊瑚、佛手、金橘、茵芋等。

**(二)北京地区部分室内花卉种类特征简述**

除了《园林花卉学》(第 4 版，刘燕主编)描述的种类，北京地区室内常用的花卉还有如下种类。

1. 观花类

**(1)【红穗铁苋菜】*Acalypha hispida***

科属 大戟科铁苋菜属

形态特征 灌木，株高 0.5 ~ 3m。嫩枝被灰色短绒毛，且逐渐脱落，小枝无毛。叶卵圆形，顶端渐尖或急尖，亮绿色，背面稍浅，叶柄有绒毛，边缘具粗锯齿。花鲜红色，着生于尾巴状的长穗花序上，花序长 30 ~ 60cm。花期 2 ~ 11 月(见彩插)。

生态习性 喜温暖、湿润和阳光充足的环境，不耐寒冷。

园林用途 室内盆栽观赏。

**(2)【软枝黄蝉】*Allemanda cathartica***

科属 夹竹桃科黄蝉属

形态特征 藤状灌木，株高可达 4m；枝条软，弯垂，具白色乳汁。叶纸质，通常 3 ~ 4 枚轮生，有时对生或在枝的上部互生，全缘，倒卵形或倒卵状披针形，端部短尖，基部楔形；叶脉两面扁平；叶柄扁平，基部和腋间均具腺体。聚伞花序顶生；花具短花梗；花萼裂片披针形；花冠橙黄色，大形，花冠筒喉部具白色斑点，向上扩大成冠檐，花冠裂片卵圆形或长圆状卵形，顶端圆形。花期春夏两季，果期冬季。

生态习性 喜温暖湿润和阳光充足的气候环境，耐半阴，不耐寒，怕旱，畏烈日。

园林用途 室内观花盆栽。

**(3)【紫芳草】*Exacum affine***

科属 龙胆科紫芳草属

形态特征 一年生草本，株高 10 ~ 15cm。叶卵形或心形，深绿色，具有光泽且密生，善分枝，似小灌木状。花碟形或者盘状，紫蓝色，雄蕊鲜黄明艳，且具浓郁香气。

生态习性 喜温暖、湿润环境，忌夏季阳光直射(见彩插)。

园林用途 室内观花盆栽。

**(4)【栀子花】*Gardenia jasminoides***

科属 茜草科栀子属

形态特征 灌木，株高 0.3 ~ 3m；嫩枝常被短毛，枝圆柱形，灰色。叶对生，革质，长圆状披针形或倒卵状长圆形，两面无毛，上面亮绿，下面色较暗。花芳香，通常单朵生于枝顶；萼管倒圆锥形或卵形，有纵棱；花冠白色或乳黄色，高脚碟状，喉部有疏柔

毛，冠管狭圆筒形。花期3~7月，果期5月至翌年2月(见彩插)。

生态习性　喜温暖、湿润、光照充足且通风良好的环境。

园林用途　室内盆栽植物。

**(5)【球兰】*Hoya carnosa***

科属　萝藦科球兰属

形态特征　攀缘灌木，长20~30cm。附生于树上或石上；茎节具气生根。叶对生，肉质，卵圆形至卵圆状长圆形，顶端钝，基部圆形。聚伞花序腋生；花白色，花冠辐状，花冠筒短，裂片外面无毛，内面多乳头状突起；副花冠星状，外角急尖，中脊隆起，内角急尖，直立。花期4~6月。

生态习性　喜高温、高湿、半阴环境，亦耐干旱。

园林用途　室内观花盆栽。

**(6)【龙船花】*Ixora chinensis***

科属　茜草科龙船花属

形态特征　灌木，株高0.8~2m。茎无毛，小枝初时深褐色，有光泽，老时呈灰色，具线条。叶对生，有时由于节间距离极短，呈4枚轮生，披针形或长圆状披针形。花序顶生，多花，具短总花梗；总花梗常与分枝均呈红色；花冠红色或红黄色，顶部4裂，裂片倒卵形或近圆形，扩展或外反。花期5~7月(见彩插)。

生态习性　喜温暖、湿润和阳光充足环境；不耐寒。耐半阴。

园林用途　室内观花植物。

**(7)【茉莉】*Jasminum sambac***

科属　木犀科素馨属

形态特征　直立或攀缘灌木，株高可达3m。小枝圆柱形，有时中空，疏被柔毛。叶对生，叶片纸质，椭圆形或卵状椭圆形，两端圆或钝；叶柄被短柔毛，具关节。聚伞花序顶生，通常有花3朵，花极芳香；花萼无毛或疏被短柔毛，裂片线形；花冠白色，裂片长圆形至近圆形，先端圆或钝。花期5~8月，果期7~9月(见彩插)。

生态习性　喜温暖湿润，在通风良好、半阴的环境生长较好。以含有大量腐殖质的微酸性砂质土壤为宜。

园林用途　室内盆栽植物。

**(8)【宝莲灯】*Medinilla magnifica***

科属　野牡丹科酸脚杆属

形态特征　灌木，株高可达2m。株型茂密，枝杈粗糙坚硬，叶片椭圆厚重，呈深绿色，枝条可伸展至30cm。自然开花期在2~8月(见彩插)。

生态习性　喜高温多湿和半阴环境，不耐寒，忌烈日暴晒，要求肥沃、疏松的腐叶

土或泥炭土。

园林用途　室内观花植物。

**(9)【袋鼠花】*Mina lobata***

科属　苦苣苔科丝花苣苔属

形态特征　蔓性草本，长可达2～5m。茎无毛，茎细长，圆柱形，叶宽卵形，长近于宽，基部深心形，全缘，叶上面深绿色，背面苍白，无毛。萼片长圆形；花冠最初红色，逐渐变淡黄色至白色，短管状，具棱，略弯，膨大呈坛状，口部稍收缩，具5齿，冠管基部较狭(见彩插)。

生态习性　生长适温为16～28℃，在30℃以上时，须加强遮阴通风。

园林用途　观花盆栽。

**(10)【金苞花】*Pachystachys lutea***

科属　爵床科厚穗爵床属

形态特征　灌木，株高50～100cm。茎多分枝，直立，基部逐渐木质化。叶对生，披针形，叶脉纹理鲜明，叶面皱褶有光泽，叶缘波浪形。花序着生茎顶，由重叠整齐的金黄色心形苞片组成，呈四棱形，长10～15cm。花乳白色、唇形，长约5cm，从花序基部陆续向上绽开，金黄色苞片可保持2～3个月(见彩插)。

生态习性　喜高温高湿和阳光充足的环境，比较耐阴。

园林用途　室内观花盆栽。

**(11)【'莫娜紫'香茶菜】*Plectranthus ecklonii* 'Mona Lavender'**

科属　唇形科马刺花属

别名　莫娜薰衣草、艾氏香茶菜

形态特征　多年生草本，株高40～80cm。茎多分枝，近圆柱形，紫褐色。叶卵圆形至披针形，叶片深绿色有光泽，叶背面浓紫色。圆锥花序顶生，长达20cm，小花具长梗，花冠浅紫或蓝色，带有紫色斑纹，冠檐二唇形。花期9月至翌年5月(见彩插)。

生态习性　喜温暖不耐寒，喜半阴、湿润环境。扦插繁殖容易，生长迅速。

园林用途　株形紧凑、丰满，花量大，花期长，且栽培繁殖容易，是优良的室内观花植物，也适用于室外花坛、庭院栽植应用。

2. 观叶类

**(1)【也门铁】*Draceana arborea***

科属　百合科龙血树属

形态特征　常绿小乔木，株高可达4m，室内盆栽一般60～120cm。叶宽线形，革质，聚生茎干上部，尖稍钝，弯曲呈弓形(见彩插)。

生态习性　喜高温、高湿的环境，忌强光直射，较耐阴。

园林用途　室内观叶盆栽植物。

**(2)【瑞典常春藤】*Pelctranthus oertendahlii***

科属　唇形科香茶菜属

形态特征　蔓性植物，株高30~50cm。茎四棱形，上有软毛。叶对生，卵圆形，叶基心脏形，叶缘有半圆形锯齿。叶体较厚，有光泽，叶面黄绿色，叶脉带赤紫色，叶背紫色(见彩插)。

生态习性　喜温暖、湿润环境，不耐寒，较耐阴。

园林用途　盆栽或吊盆观赏。

**(3)【白脉椒草】*Peperomia tetragona***

科属　胡椒科草胡椒属

形态特征　多年生草本，株高20~30cm。茎直立，后可悬垂，红褐色。叶3~4枚轮生，质厚，稍呈肉质，椭圆形状，全缘，叶端突起，叶色深绿，叶面有5条凹陷的月牙形白色脉纹，新叶略呈红褐色，在光照充足条件下明显(见彩插)。

生态习性　喜温暖、湿润的半荫环境，稍耐干旱，不耐寒，忌阴湿。

园林用途　株形矮小，玲珑秀美，叶片白、绿相间，对比强烈，清爽宜人。作为中、小型盆栽，常用于案头、书桌、几架、窗台等处，也可悬挂观赏。

**(4)【'金钻'蔓绿绒】*Philodendron* 'Con-Go'**

科属　天南星科蔓绿绒属

形态特征　常绿观叶植物，株高30~70cm。茎短，成株具气生根。叶长圆形，长约30cm，有光泽。先端尖，革质，绿色。叶柄长而粗壮(见彩插)。

生态习性　喜温暖、湿润、半阴环境，畏严寒，忌强光，适宜在富含腐殖质排水良好的基质中生长。

园林用途　室内观叶盆栽植物。

**(5)【立叶蔓绿绒】*Philodendron martianum***

科属　天南星科蔓绿绒属

形态特征　常绿观叶植物，株高30~70cm。株型直立，茎短缩，生长缓慢。叶片披针形，叶端渐尖，叶基钝圆，革质，全缘。

生态习性　喜温暖、湿润、半阴环境，畏严寒，忌强光，适宜在富含腐殖质排水良好的基质中生长。

园林用途　室内观叶盆栽植物。

**(6)【菜豆树】*Radermachera sinica***

科属　紫葳科菜豆树属

形态特征　小乔木。株高可达10m；叶柄、叶轴、花序均无毛。2回羽状复叶，稀为3回羽状复叶；小叶卵形至卵状披针形，顶端尾状渐尖，基部阔楔形，全缘，两面均无

毛。顶生圆锥花序，直立。花冠钟状漏斗形，白色至淡黄色，裂片5，圆形，具皱纹。蒴果圆柱形，种子椭圆形(见彩插)。

生态习性　喜高温、多湿、阳光足的环境。畏寒冷，忌干燥。

园林用途　室内观叶盆栽植物。

**(7)【紫背万年青】*Rhoeo discolor***

科属　鸭跖草科紫露草属

形态特征　常绿草本植物。株高30～80cm。叶宽披针形，呈环状着生在短茎上，叶面光滑深绿，叶背紫色(见彩插)。

生态习性　喜温暖湿润的气候，喜光也耐阴，忌强光直射，不耐寒。

园林用途　室内观叶植物。

**(8)【澳洲鸭脚木】*Schefflera macorostachya***

科属　五加科鸭脚木属

形态特征　常绿乔木。株高可达30～40m。茎直立，少分枝，嫩枝绿色，后呈褐色，平滑。掌状复叶，小叶数随树木的年龄而异，幼年时3～5片，长大时5～7片，至乔木状时可多达16片。小叶片椭圆形，先端钝，有短突尖，叶缘波状，革质，浓绿色，有光泽，叶背淡绿色；叶柄红褐色(见彩插)。

生态习性　喜温暖、湿润、通风和光照环境，适于排水良好、富含有机质的砂质壤土。

园林用途　室内观叶盆栽植物。

**(9)【泽米铁】*Zamia furfuracea***

科属　泽米铁科泽米铁属

形态特征　常绿灌木。株高15～30cm。地下为肉质粗壮的须根系。单干或罕有分枝，有时呈丛生状，粗壮，圆柱形，表面密被暗褐色的叶痕，在多年生的老干基部茎盘处，可见由不定芽萌发而出的萌蘖。大型偶数羽状复叶，生于茎干顶端，硬革质，叶柄疏生坚硬小刺。羽状小叶7～12对，小叶长椭圆形，顶部钝渐尖，边缘背卷，无中脉，叶背可见平行脉级40条。雌雄异株，雄花序松球状，雌花序似掌状(见彩插)。

生态习性　喜温热、湿润的环境和充足的光照。

园林用途　室内观叶盆栽植物。

3. 观果类

**(1)【金橘】*Fortunella margarita***

科属　芸香科金柑属

形态特征　常绿灌木或小乔木。株高可达3m。茎通常无刺，分枝多。叶片披针形至矩圆形，全缘或具不明显的细锯齿，表面深绿色，光亮，背面青绿色，有散生腺点；叶柄有狭翅，与叶片连接处有关节。单花或2～3花集生于叶腋，具短柄；花两性，整齐，

白色，芳香；萼片5；花瓣5。果矩圆形或卵形，长2.5~3.5cm，金黄色，果皮肉质而厚，平滑，有许多腺点，有香味，种子卵状球形(见彩插)。

生态习性　喜阳光和温暖、湿润的环境，不耐寒，稍耐阴，耐旱，要求排水良好的肥沃、疏松的微酸性砂质壤土。

园林用途　室内盆栽植物。

**(2)【薄柱草】*Nertera sinensis***

科属　茜草科薄柱草属

形态特征　株高25cm左右。茎柔弱，稍匍匐；节上生根。叶对生；托叶三角形，基部宽，与叶柄合生，先端长尖；叶片披针状长圆形，先端短尖或稍锐尖，基部楔尖，两面有微小的粃鳞；纸质。花小，单个顶生；花冠辐状，4裂，裂片长圆形；核果紫黑色。花期秋季(见彩插)。

生态习性　喜冷凉、湿润气候，喜光照，不耐旱。

园林用途　室内盆栽植物。

**(3)【茵芋】*Skimmia reevesiana***

科属　芸香科茵芋属

形态特征　常绿灌木，有芳香。叶有柑橘叶的香气，革质，常集生于枝顶，狭矩圆形或矩圆形。圆锥花序顶生，花小交密集，白色，极芳香。浆果状核果椭球型，红色(见彩插)。

生态习性　喜温暖不耐寒，喜湿润的半阴环境。

园林用途　株形紧凑，花叶芳香，花果美丽，且花果期长，是优良的盆栽观花、观果植物，也可作切花。

**(4)【冬珊瑚】*Solanum pseudocapsicum***

科属　茄科茄属

形态特征　直立小灌木作一、二年生栽培。株高30~60cm。多分枝成丛生状。叶互生，狭长圆形至倒披针形。夏秋开花，花小，白色，腋生。浆果，深橙红色，圆球形，直径1~1.5cm。花后结果，经久不落，可在枝头留存到春节以后。现栽培有矮生种，株形矮多分枝(见彩插)。

生态习性　喜阳光、温暖、耐高温，不耐阴，不耐寒，不耐旱。

园林用途　室内观果盆栽植物。

## 二、实习指导

### (一)目的

室内花卉是室内绿化装饰布置的主要材料，在室内植物景观的构成中占有重要地位。

本实习通过现场教学结合学生自行调查总结，是学生掌握常用的室内花卉种类、形态特征、生态习性、观赏特性及应用形式，进一步巩固识别常见室内花卉。

**(二) 时间、地点**

3 月上旬，花卉市场。

**(三) 材料及工具**

相机、卷尺、记录本

**(四) 内容及操作方法**

首先由指导老师带领学生到实习地进行现场讲解和识别，初步了解各种花卉的主要识别特征，掌握其所隶属的科属和分类中所属的类型，生态习性、观赏特征及园林用途，之后学生分组参考实习手册进行自学，并调查常见花卉观赏部位、观赏期较高的株高范围、叶片质地、色彩、应用形式等，教师答疑。

## 三、思考与作业

提交实习报告 1 份。内容包括室内花卉种名、科名、拉丁学名、主要生态习性和观赏特性、园林用途等。

# 实习19

# 园林专类花卉识别

## 一、概述

常见的园林专类花卉包括兰花类、仙人掌及多浆类植物、食虫植物和观赏蕨类等。

(1)兰花类：主要指兰科中观赏价值较高的花卉。依生态习性不同，分为地生兰、附生兰和腐生兰。

(2)仙人掌及多浆类植物：指茎叶具有发达的贮水组织，呈现肥厚而多浆的变态状植物。包括仙人掌科、番杏科、景天科、大戟科、萝藦科、菊科、百合科等具有这些特点的植物(见彩插)。

(3)食虫植物：指能利用植物的某个部位捕捉活的昆虫或小动物，并能分泌消化液，将虫体消化吸收的植物。主要有3类：一是叶扁平，叶缘有刺，可以闭合起来，如捕蝇草类；二是叶子呈囊状的捕虫囊，如猪笼草、瓶子草类；三是叶面有可分泌汁液的纤毛，通过黏液粘住猎物，如茅膏菜类。

专类花卉种类繁多，景观特异性强，是花卉专类园和家庭园艺常用花卉。

需要掌握的部分专类花卉种类及特征简述如下，其他种类见《园林花卉学》教材(第4版，刘燕主编)。

1. 兰花类

**(1)【密花石斛】*Dendrobium densiflorum***

科属　兰科石斛属

形态特征　株高25~40cm，茎粗壮，可达2cm，通常棒状或纺锤形；下部常收狭为细圆柱形，不分枝，具数个节和4个纵棱，有时棱不明显，干后淡褐色并且带光泽。叶常3~4枚，近顶生，革质，长圆状披针形，长8~17cm，宽2.6~6cm，先端急尖，基部不下延为抱茎的鞘。

生态习性　喜温暖湿润气候和半阴的环境，不耐寒。

园林用途　高档盆花。

**(2)【铁皮石斛】*Dendrobium officinale***

科属 兰科石斛属

形态特征 株高9~35cm。茎直立，圆柱形，不分枝，具多节，常在中部以上互生3~5枚叶。叶二列，纸质，长圆状披针形，先端钝并且多少钩转，基部下延为抱茎的鞘，边缘和中肋常带淡紫色；总状花序常从落了叶的老茎上部发出，具2~3朵花，萼片和花瓣黄绿色，近相似，长圆状披针形。花期3~6月。

生态习性 喜温暖湿润气候和半阴的环境，不耐寒。

园林用途 兰花专类展，也可药用。

**(3)【独蒜兰】*Pleione bulbocodioides***

科属 兰科独蒜兰属

形态特征 株高15~30cm。半附生草本。假鳞茎卵形至卵状圆锥形，上端有明显的颈，叶在花期尚幼嫩，长成后狭椭圆状披针形或近倒披针形，纸质，花莛从无叶的老假鳞茎基部发出，直立，长7~20cm，下半部包藏在3枚膜质的圆筒状鞘内，顶端具1或2花，花粉红色至淡紫色，唇瓣上有深色斑。花期4~6月。

生态习性 喜半阴、凉爽、通风环境，较耐寒，宜栽于疏松、透气、排水良好的蕨根、水苔或腐殖土中。

园林用途 高档盆花。

2. 仙人掌及多浆植物类

**(1)【沙漠玫瑰】*Adenium obesum***

科属 夹竹桃科天宝花属

形态特征 灌木。株高可达2m。树干肿胀。单叶互生，集生枝端，倒卵形至椭圆形，全缘，先端钝而具短尖，肉质，近无柄。花冠漏斗状，外面有短柔毛，5裂，外缘红色至粉红色，中部色浅，裂片边缘波状；顶生伞房花序(见彩插)。

生态习性 喜高温干燥和阳光充足的环境，耐酷暑，不耐寒。

园林用途 室内盆栽。

**(2)【金边龙舌兰】*Agave americana* 'Variegata'**

科属 龙舌兰科龙舌兰属

形态特征 多年生常绿草本。株高可达1m。茎短、稍木质，叶多丛生，长椭圆形，大小不等，质厚，平滑，绿色，边缘有黄白色条带镶边，有紫褐色刺状锯齿。花茎有多数横纹，花黄绿色，肉质；蒴果长椭圆形，胞间开裂(见彩插)。

生态习性 喜温暖、光线充足的环境；耐旱性极强，要求疏松透水的土壤。

园林用途 中小型盆栽观叶植物。

**(3)【芦荟类】*Aloe* spp.**

科属 百合科芦荟属

形态特征　多年生草本植物。株高10～60cm。茎较短。叶近簇生或稍二列(幼小植株)，肥厚多汁，条状披针形，长15～35cm，粉绿色，边缘疏生刺状小齿。花莛不分枝或稍分枝，高60～90cm；总状花序；苞片近披针形，先端锐尖；花稀疏排列，淡黄色而有红斑；花被基部多连合成筒状(见彩插)。

生态习性　喜温暖、干燥、阳光充足环境，忌低温和积水。

园林用途　室内盆栽。

**(4)【玉蝶石莲花】*Echeveria secunda* var. *glauca***

科属　景天科石莲属

形态特征　多年生肉质草本或亚灌木，株高可达60cm。叶互生，呈莲座状着生于短缩的茎上，倒卵状匙形，淡绿色，肉质，表面被白粉。单歧聚伞花序腋生；小花钟形，先端5裂，赭红色，顶端黄色。蓇葖果。

生态习性　在温暖、干燥、阳光充足的条件下生长良好，耐干旱和半阴，不耐寒，忌阴湿，要求通风良好。

园林用途　室内盆栽。

**(5)【绯牡丹】*Gymnocalycium mihanovichii* var. *friedrichii***

科属　仙人掌科裸萼球属

形态特征　多年生植物。株高5～10cm。茎扁球形，直径3～4cm，鲜红、深红、橙红、粉红或紫红色，具8棱，有突出的横脊。成熟球体群生子球。刺座小，无中刺，辐射刺短或脱落。花细长，着生在顶部的刺座上，漏斗形，粉红色，花期春夏季。果实细长，纺锤形，红色。种子黑褐色(见彩插)。

生态习性　喜温暖、光照充足环境，耐干旱，较喜肥。

园林用途　室内盆栽。

**(6)【量天尺】*Hylocereus undatus***

科属　仙人掌科量天尺属

形态特征　攀缘状灌木，长可达3～15m。茎三棱柱形，多分枝，边缘波浪状，长成后呈角形，具小凹陷，长1～3枚不明显的小刺。花大型，萼片基部连合成长管状，有线状披针形大鳞片，花外围黄绿色，内白色。花期夏季，晚间开放，时间极短，具香味。

生态习性　喜温暖、湿润、半阴环境，耐干旱，忌低温霜冻。

园林用途　室内盆栽。

**(7)【金手指】*Mammillaria elongata***

科属　仙人掌科乳突球属

形态特征　株高10～15cm，冠幅20～30cm。植株单生至群生。茎圆筒形，肉质柔软，中绿色。刺座着生周围刺15～20枚，黄白色，中刺3枚，黄褐色。花白色或黄色。

花期夏季。

生态习性 喜温暖、光照充足环境，耐干旱，较喜肥。

园林用途 室内盆栽。

**(8)【马齿苋树】*Portulaca afra***

科属 马齿苋科马齿苋属

形态特征 多年生常绿灌木，株高可达3m。茎肉质，紫褐色至浅褐色，分枝近水平伸出，新枝在阳光充足的条件下呈紫红色，若光照不足，则为绿色。肉质叶倒卵形，交互对生，质厚而脆，绿色，表面光亮。小花淡粉色(见彩插)。

生态习性 喜温暖、干燥及阳光充足的环境，耐干旱和半阴，不耐涝，也不耐寒。

园林用途 室内观叶盆栽。

**(9)【观音莲】*Sempervivum tectorum***

科属 景天科长生草属

形态特征 多年生肉质植物，株高20～30cm。肉质叶莲座状排列，叶盘直径3～15cm。叶扁平细长，匙形，顶端尖，叶色依品种而不同，有灰绿、深绿、黄绿、红褐等色；叶尖绿色，也有红色或紫色；叶缘具细密的锯齿。成年植株于大莲座下着生一圈小莲座，且每年的春末还会从叶丛下部抽出红色走茎，走茎前端长有莲座状小叶丛。小花呈星状，粉红色(见彩插)。

生态习性 喜温暖、光照环境，耐干旱，喜肥。

园林用途 室内小型盆栽。

**(10)【大花犀角】*Stapelia gigantea***

科属 萝藦科豹皮花属

形态特征 多年生草本。株高30cm左右。无叶，茎粗，四角棱状，有齿状突起，灰绿色。花大，五裂张开，星状，淡黄色，具淡紫黑色横斑纹，边缘密生细毛，有臭味。花期夏季。

生态习性 喜温暖、光照，耐干旱，较喜肥。

园林用途 室内盆栽。

3. 食虫植物类

**(1)【眼镜蛇瓶子草】*Darlingtonia californica***

科属 瓶子草科眼镜蛇瓶子草属

形态特征 叶二型。叶片呈莲座状分布，长10～25cm，成年植株由3～14片叶组成。成熟叶片具捕虫功能，中空，其中下部为管状，上部为球状并向前膨大。叶前隆处底部有空洞，为叶片的唯一开口；瓶口边缘内弯，瓶口连接着一个二叉的鱼尾状附属物。附属物背侧及瓶口周围存在蜜腺。叶片球状部及管状部上端表面具大量不规则的半透明白色斑纹。叶球状部分内表面无毛，光滑具蜡质。管状部分下1/3内表面具下向毛。

生态习性　喜凉爽、昼夜温差大、湿润、阳光充足环境，较耐寒。

园林用途　室内盆栽。

**(2)【捕虫堇类】*Pinguicula* spp.**

科属　狸藻科捕虫堇属

形态特征　株高5～10cm。叶片呈莲座状生长，肉质，光滑，质地较脆，大都呈现明亮的绿色或者粉红色，表面有细小的腺毛，腺毛分泌黏液，能粘住昆虫。大多数品种的叶片边缘向上卷起，这种凹形结构有助于防止猎物逃脱。其叶因品种不同可长达2～30cm，通常呈水滴形、椭圆形或线形(见彩插)。

生态习性　喜凉爽的环境，在春秋季节时生长较快，夏季特别怕热。比较耐阴、不喜强光。

园林用途　室内盆栽。

**(3)【黄瓶子草】*Sarracenia flava***

科属　瓶子草科瓶子草属

形态特征　多年生草本。株高可达1m。根状茎匍匐。叶基生，成莲座状，二型；夏季长出的瓶状叶长漏斗状，黄绿色有深红色脉纹，开口喇叭状，边缘光滑，口盖三角状，黄绿色有深红色脉纹；秋冬长出的剑形叶无捕虫囊，绿色或黄绿色，常带有翅状瓶子草的脉纹；花序不高于叶片，花浅黄色并散发出霉臭味。花期5月。

生态习性　喜温暖、湿润、阳光充足环境，稍耐寒。

园林用途　室内盆栽。

**(4)【鹦鹉瓶子草】*Sarracenia psittacina***

科属　瓶子草科瓶子草属

形态特征　叶子成瓶状直立或侧卧，长10～25cm，颜色鲜艳，有绚丽的斑点或网纹，开口常下弯，口盖卵圆形，下弯成钩状；能分泌蜜汁和消化液，受蜜汁引诱的昆虫失足掉落瓶中，瓶内的消化液会把昆虫消化吸收。

生态习性　喜温暖、湿润、阳光充足环境，稍耐寒。

园林用途　室内盆栽。

4. 蕨类植物

**(1)【乌毛蕨】*Blechnum orientale***

科属　乌毛蕨科乌毛蕨属

形态特征　多年生草本，株高1～2m。根状茎粗壮，直立。叶柄坚硬，基部被狭线形，具褐色鳞片；叶卵状披针形，1回羽状复叶，羽片多数，狭线形，渐尖，全缘；叶稍革质，细脉密集。孢子囊群肾形，沿中脉两侧着生，囊群盖同形(见彩插)。

生态习性　喜温暖不耐寒，喜阴湿环境，抗逆性、耐热性强，适应性较广。

园林用途　叶色翠绿，形态优美，有苏铁风韵，观赏价值高。可盆栽观赏，也适宜

园林花坛、林下、道旁地栽，可作园林绿化。也可作切叶，水养寿命长。

**(2)【圆盖阴石蕨】*Davallia teyermannii***

科属 骨碎补科骨碎补属

别名 兔脚蕨

形态特征 多年生草本，小型附生蕨。根状茎长而横走，肉质且裸露在外，表面密被灰棕色鳞片与茸毛。叶近互生至互生，革质，阔卵状三角形，3～4回羽状复叶，羽片愈近顶处形愈缩小，整体呈三角形。孢子囊群着生于近叶缘小脉顶端，囊群盖近圆形(见彩插)。

生态习性 喜温暖不耐寒，喜半阴，能耐一定的干燥，土壤以疏松透气的砂质壤土为宜，栽培宜用泥炭或腐叶土和园土各半混合。

园林用途 植株矮小，叶片翠绿，根茎茸毛状很有特色，可以作为小型盆栽或悬挂、附生树干栽培。

**(3)【蓝星蕨】*Phlebodium aureum***

科属 水龙骨科水龙骨属

形态特征 多年生草本，中小型附生蕨类。根茎被金棕色的鳞片。叶柄较长，叶革质，三角形至宽卵圆形，羽状中至深裂，蓝灰色。孢子囊群圆形，沿中脉两旁二列着生(见彩插)。

生态习性 喜温暖稍耐寒，可耐短暂霜冻，喜光较耐干旱，光照弱则叶片颜色变绿。

园林用途 色彩独特，形态优美，其蓝灰色的色调优雅宁静，适宜盆栽观赏，也可作高档切花材料。

**(4)【鱼尾蕨】*Polypodium punctatum***

科属 水龙骨科多足蕨属

形态特征 株高约30～60cm，丛生，地下有根茎。叶自根茎抽生，直立性，带状倒披针形，叶的先端呈扇状扩大，而后有2～3层分裂，裂端又呈波浪状曲折，叶身中肋随叶端枝分裂而有分支枝叶脉出现，且达裂端。孢子囊群散生于叶背先端约1/4处，囊群着生处常凹入(见彩插)。

生态习性 喜高温、多湿、半阴的环境。

园林用途 室内盆栽。

**(5)【凤尾蕨】*Pteris cretica* var. *nervosa***

科属 凤尾蕨科凤尾蕨属

形态特征 株高50～70cm。根状茎短而直立或斜升，先端被黑褐色鳞片。叶簇生，二型或近二型；柄长30～45cm(不育叶的柄较短)，禾秆色，表面平滑；叶片卵圆形，1回羽状；不育叶的羽片3～5对(有时为掌状)，通常对生，斜向上，基部1对有短柄并为二叉(罕有三叉)，狭披针形或披针形，先端渐尖，基部阔楔形，叶缘有软骨质的边并有锯齿；能育叶的羽片3~5(8)对，对生或向上渐为互生，斜向上，基部一对有短柄并为二叉，偶有三叉或单一，向上的无柄，线形，先端渐尖并有锐锯齿，基部阔楔形。主脉下面强度隆起，禾秆色，光滑；侧脉两面均明显，稀疏，斜展，单一或从基部分叉(见彩插)。

生态习性　喜温暖、湿润、阴暗的环境，较耐寒。

园林用途　室内盆栽。

## 二、实习指导

### (一)目的

专类花卉是室内绿化装饰布置的一类材料，是特异景观构成的重要种类，也是家庭园艺中重要的一类花卉。本实习通过现场教学结合学生自行调查识别，使学生掌握一些常用的专类花卉种类、形态特征、生态习性、观赏特性及应用形式。

### (二)时间、地点

主要在温室内进行，根据课程进程和植物观赏期进行，可在多种兰花开放的1~3月下旬进行。

### (三)材料及工具

相机、卷尺、记录本。

### (四)内容及操作方法

首先由指导老师带领学生到实习地进行现场讲解和识别，了解各种花卉的主要识别特征，理解其所隶属的科属和分类中所属的类型、生态习性、观赏特征及园林用途。之后学生分组参考实习手册进行自学，识别具体花卉种类，教师答疑。

## 三、思考与作业

提交实习报告1份。内容包括专类花卉种名、科名、拉丁学名、主要生态习性和观赏特性、园林用途等。

# 参考文献


北京林业大学园林学院花卉教研室，1995．花卉识别与栽培图册[M]．合肥：安徽科学技术出版社．

北京林业大学园林学院花卉教研室，1999．中国常见花卉图鉴[M]．郑州：河南科学技术出版社．

陈俊愉，程绪珂，1990．中国花经[M]．上海：上海文化出版社．

耿欣，2009．园林花卉应用设计・选材篇[M]．武汉：华中科技大学出版社．

李尚志，等，2002．荷花　睡莲　玉莲——栽培与应用[M]．北京：中国林业出版社．

刘燕，2020．园林花卉学[M]．4版．北京：中国林业出版社．

卢思聪，等，2001．室内观赏植物：装饰・养护・欣赏[M]．北京：中国林业出版社．

卢思聪，1994．中国兰与洋兰[M]．北京：金盾出版社．

秦魁杰，陈耀华，1999．温室花卉[M]．北京：中国林业出版社．

王意成，2000．时尚观叶植物100种[M]．北京：中国农业出版社．

吴涤新，1994．花卉应用与设计[M]．北京：中国农业出版社．

武维华，等，2000．植物生理学[M]．北京：科学出版社．

英国皇家园艺学会，2001．一年生二年生园林花卉[M]．肖良，印丽萍，译．北京：中国农业出版社．

谢维荪，郭毓平，2001．仙人掌及多浆植物鉴赏[M]．上海：上海科技出版社．

薛聪贤，2000．观叶植物225种[M]．杭州：浙江科学技术出版社．

薛聪贤，2000．宿根草花150种[M]．郑州：河南科学技术出版社．

薛聪贤，2000．一年生草花150种[M]．郑州：河南科学技术出版社．

薛聪贤，2000．图解栽培繁殖技术[M]．台北：台湾普绿有限公司出版社．

薛守纪，2004．中国菊花图谱[M]．北京：中国林业出版社．

赵宗荣，2002．水生花卉[M]．北京：中国林业出版社．

朱振民，林颖，1991．漳州水仙[M]．上海：复旦大学出版社．

HESSAYON DR D G，1999．彩图花草种养大百科[M]．长沙：湖南科学技术出版社．

ROGER CSSTER，DARID SKORANSKI，2007．穴盘苗生产原理与技术[M]．刘滨，译．北京：化学工业出版社．

麦仙翁
匍匐筋骨草
虾夷葱
海石竹

春黄菊
蓝花赝靛
岩白菜
红叶甜菜

桂竹香

白屈菜

花环菊

异果菊

糖芥

金苞大戟

活血丹

箱根草

嚏根草

芒颖大麦草

屈曲花

柳穿鱼

宿根亚麻
‘紫雾’荆芥
黑种草
美丽月见草

二月蓝

红花酢浆草

丛生福禄考

玉竹

赤胫散
大花夏枯草
金叶景天
反曲景天

高雪轮
矮雪轮
绵毛水苏
紫露草

紫花地丁

早开堇菜

藿香

药用牛舌草

大花鬼针草

舞春花

罂粟葵

阔叶风铃草

紫斑风铃草

大百合

崂峪薹草

‘金叶’薹草

宽叶薹草

玫红金鸡菊

雄黄兰

岩青兰

木贼
美丽飞蓬
蓝羊茅
山桃草

赛菊芋

香菇草

‘金叶’甘薯

齿叶橐吾

狭苞橐吾
荚果蕨
薄荷
睡菜

美国薄荷
荆芥
大果月见草
紫苏

虉草

块根糙苏

毛茛

银毛丹参

深蓝鼠尾草
轮生鼠尾草
黑三棱
桂圆菊

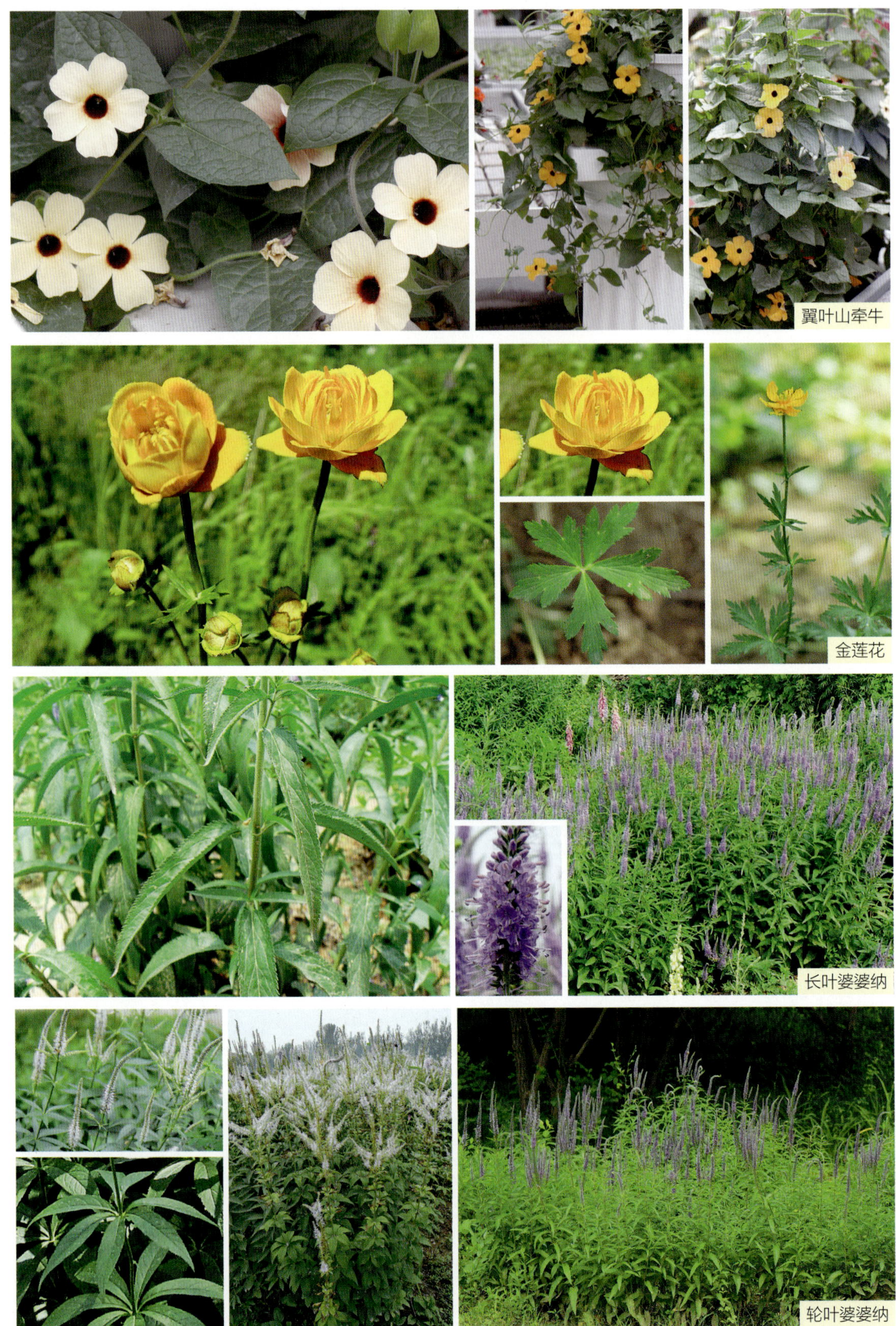
翼叶山牵牛
金莲花
长叶婆婆纳
轮叶婆婆纳

亚菊

观赏辣椒

红秋葵

‘日本’血草

‘金叶’过路黄

皇帝菊

芒

狼尾草

红蓼
墨西哥鼠尾草
地榆
松塔景天

‘胭脂’红景天

细茎针茅

圆叶肿柄菊

柳叶马鞭草

红穗铁苋菜
紫芳草
栀子花
龙船花

茉莉
宝莲灯
袋鼠花
金苞花

‘莫娜’香茶菜

也门铁

瑞典常春藤

白脉椒草

'金钻'蔓绿绒

菜豆树

紫背万年青

泽米铁
金橘
薄柱草
茵芋

冬珊瑚

沙漠玫瑰

‘金边’龙舌兰

芦荟类

绯牡丹

马齿苋树

观音莲

捕虫堇类

乌毛蕨
圆盖阴石蕨
鱼尾蕨
凤尾蕨